복합신소재구조 설계지침서

한국복합신소재구조학회 지음

도서출판 동화기술

발간사

오늘날까지 토목, 건축분야의 건설공사에는 주로 콘크리트 및 강재 등이 구조용 재료로 사용되었다. 그러나 최근 산업의 발달과 함께 재료특성의 향상에 대한 요구가 꾸준히 제기되고 있으며, 이에 따라 기존 재료(콘크리트, 철근 등)보다 우수한 강도 및 기능적 특성 등을 갖는 복합신소재개발에 많은 연구가 집중되고 있다.

복합신소재는 높은 인장강도와 강성을 가진 탄소섬유를 생산하면서부터 개발이 시작되었으며 자동차, 선박, 군수용품 등에서 적극적으로 활용되었다. 무엇보다 복합신소재는 기존의 건설재료보다 가벼우면서 뛰어난 인성, 내구성을 가지는 특성으로 인해 건설용 재료로도 현재 미국, 유럽, 일본 등 선진국을 중심으로 적극적으로 적용되고 있다.

국내의 경우 1990년대에 복합신소재 제조기술의 발전으로 인해 군수용품 위주로 부분적인 연구가 진행되어 건설 분야의 활용실적이 미비하였지만 2000년대 들어서 복합신소재 보강재를 국산화하여 활용하기 시작하였다. 복합신소재는 많은 장점에도 불구하고 일반 건설재료로서의 이용에 지연되는 주된 원인은 등방성인 일반 건설재료와 달리 비등방성인 복합신소재의 이론이 일반 설계기술자에게는 너무나 어렵다.

이미 부분적으로 건설 분야에 복합신소재로 만든 구조물들이 적용되는 현실을 감안할 때 설계지침서와 같은 설계기준 마련에 앞서 건설기술자들이 쉽게 활용할 수 있는 복합신소재를 이용한 구조 설계 자료의 제시가 요구되고 있다. 따라서 우리 학회도 복합신소재 설계기준 및 시방서 마련을 위한 위원회를 조직하여 구조부재로서의 복합신소재에 대한 체계화된 설계지침서를 이번에 발간하게 되었다.

본 설계지침서는 설계자가 복합신소재의 이해와 설계에 접근이 가능하도록 단계별 설계방법을 제시하였으며, 필요한 설계 데이터를 포함하여 설계의 오류를 방지하는 역할과 복합신소재구조 설계에 도움이 될 것으로 사료된다.

일선 실무자들에게 쉬운 이해와 편의를 제공하기 위해 본 설계지침서를 완벽하게 작성하고자 최대한 노력하였지만, 국내에서는 처음으로 작성된 설계지침서인 만큼 미비한 점이 많을 것으로 생각된다. 따라서, 이 분야에 종사하고 계신 산/학/연/관 여러분의 아낌없는 질책과 조언을 부탁드리며, 앞으로 보다 완벽한 설계기준이 될 수 있도록 계속 수정, 보완하겠다.

2018년 11월

사단법인 한국복합신소재구조학회

회장 지 효 선

머리말

현재 건설 분야 구조재료로써 복합신소재는 비강성, 비강도가 기존의 콘크리트나 강재에 비해 상대적으로 높고 비부식성, 경량성, 비전기성 등 재료적 장점과 방향성을 이용하여 우수한 역학적 성질을 얻을 수 있으며, 다양한 형태로 만들 수 있는 뛰어난 성형성을 가지고 있다.

복합신소재는 많은 장점에도 불구하고 일반 건설재료로서의 이용에 지연되는 주된 원인은 등방성인 일반 건설재료와 달리 비등방성인 복합신소재의 이론이 일반 설계기술자에게는 너무나 어렵다. 이미 부분적으로 건설 분야에 복합신소재로 만든 구조물들이 적용되는 현실을 감안할 때 설계지침서와 같은 설계기준 마련에 앞서 건설기술자들이 쉽게 활용할 수 있는 복합신소재를 이용한 구조설계 자료의 제시가 요구되고 있어 이에 본 설계지침서는 한계상태설계법을 기본으로 한 복합신소재구조 설계의 일괄적인 지식을 제공하고자 한다.

끝으로 본 설계지침서에 미흡한 점이 많겠지만 관계자 여러분의 많은 조언을 부탁드리며, 본서의 발간으로 국내에서도 복합신소재구조의 건설이 활발하게 이루어졌으면 하는 소망이다.

2018년 11월

집필진 일동

복합신소재구조 설계지침서

－편찬위원, 검토 및 자문위원－

(가나다 순)

참여 구분	성명	소속 · 직위
편집 · 집필 위원	장석윤	서울시립대학교 명예교수
	지효선	대원대학교 철도건설공학과 교수
검토 위원	고동우	제주대학교 건축학부 교수
	권민호	경상대학교 토목공학과 교수
	김희선	이화여자대학교 건축공학과 교수
	박신전	㈜케이엠티엘 기술연구소 이사
	박종면	㈜지승컨설턴트 대표이사
	박종섭	상명대학교 건설시스템공학과 교수
	손병직	건양대학교 건설환경공학과 교수
	이상열	안동대학교 토목공학과 교수
	장준호	계명대학교 토목공학과 교수
	정우영	강릉원주대학교 토목공학과 교수
	조정미	㈜한국카본 전무이사
	조태준	대진대학교 건설시스템공학과 교수
	주부석	경희대학교 사회기반시스템공학부 교수
	주영규	고려대학교 건축사회환경공학과 교수
	최상현	한국교통대학교 철도시설공학과 교수
	허종완	인천대학교 건설환경공학과 교수
자문 위원	강영종	고려대학교 건축사회환경공학과 교수
	윤순종	홍익대학교 토목공학과 교수
	이규세	선문대학교 토목공학과 교수
	원종필	건국대학교 사회환경시스템공학과 교수
	윤석호	경동대학교 토목공학과 교수
	최성모	서울시립대학교 건축학부 교수
	황원섭	인하대학교 사회기반시스템공학부 교수

목차

Chapter 4 재료설계 63

Chapter 5 단면과 부재설계 99

Chapter 6 인장부재 105

01 총 칙

1.1 적용범위

(1) 복합신소재구조 설계지침서는 복합신소재구조물의 구조설계에 적용한다.

(2) 이 설계지침서는 구조물의 강도, 사용성, 내구성에 대한 요구조건에만 관계가 있다. 다른 온도 또는 방음에 대한 요구조건은 고려되지 않는다.

(3) 복합신소재의 건설과 시공숙련도는 사용되는 복합신소재와 제품의 품질과 전 생산단계에 걸쳐 요구되는 시공숙련도의 기준과 설계 가정에 따르는 가설에 따르는데 필요할 정도까지 수용하고 있다.

(4) 이 설계지침서는 내진설계의 요구조건을 수용하지 않는다.

(5) 설계에서 고려되는 복합신소재 건축 및 토목구조물에 작용하는 수치적인 값들은 이 설계지침서에서 주어지지 않는다. 이 설계지침서에서 제시된 수치적인 값들은 여러 종류의 건설형태에 적용할 수 있는 구조물에 하중작용과 설계기초사항이다.

(6) 이 설계지침서는 설계방법과 설계 데이터를 이용하여 복합신소재구조물에 적용될 수 있다.

1.2 용어의 정의

- Ablative plastic : 열에 노출된 부분이 열분해되는 과정을 통하여 열을 흡수하는 플라스틱
- Accelerator : 수지 또는 고무의 경화나 수지와 혼합될 때에 일어나는 화학반응을 가속화시키는 물질
- Additive : 재료의 특정한 성질을 개선하기 위하여 첨가되는 물질
- Adhesion : 외력이나 접합면의 결합작용 또는 두 가지 모두에 의하여 부품들을 결합시키거나 그 상태를 일컬음
- Adhesion Mechanical : 접착제가 결합작용에 의하여 부품들을 결합시킨 상태를 일컬음
- Adhesive Contact : 피착제에 접착제를 코팅하여 건조시켜 적용하는 방법으로 만족스런 접합을 하려면 접합되는 표면사이의 간극이 0.1 mm 이하가 되어야 하는 접착제
- Adhesive film : 필름형태의 열경화성수지로 만들어진 합성수지 접착제, 적층재료(laminate material)를 접착시키는 데 사용하며, 접합을 위해서는 열과 압력을 가해야 함
- Anisotropy : 등방성이 아닌 이방성(비등방성), 적층면의 길이나 폭방향 또는 두께방향으로의 물성이 다른 것
- Aspect ratio : 섬유지름에 대한 길이의 비
- Areal Weight of Fiber Reinforcement : 단위면적당 보강섬유의 무게(g/m^2)
- A-stage : 열경화성 수지의 중합반응 중 초기단계로서 보강재를 섞은 후 어떤 액체에 용해될 수 있는 상태

- Autoclave : 열과 압력을 가할 수 있는 용기로, 미경화된 재료를 복합재 부품을 성형하는데 사용하는 가압·가열 가능한 밀폐용기
- Axial winding : 필라멘트 와인딩에서 보강섬유가 축에 평행하게 감기는 경우를 말함
- B-Stage : 열경화성 수지의 경화반응 중 중간단계로 어떤 액체에 담그면 부피가 늘어나고 열을 가하면 부드러워지지만 완전하게 용해되거나 녹지 않는 상태, 프리프레그에서는 보통 이 상태의 수지가 유지됨
- Balanced Laminate : $+\theta$층, $-\theta$층의 균형이 유지되도록 쌓여진 복합 적층
- Biaxial winding : 필라멘트 와인딩에서 섬유가 서로 겹치지 않도록 헬리컬(helical) 방향으로 차례차례 감는 방법
- Bonded Insert Joint : 구조요소로부터 하중이 접착제를 통해서 전달되는 연결부분
- Breathing : 복합재 부품 성형과정에서 초기에 부품내 기포를 제거하기 위해 기체가 빠져나갈 수 있도록 금형을 열었다 닫는 것
- Circuit : 필라멘트 와인딩에서 심축에 섬유가 감기는 궤적
- Circumferential winding : 필라멘트 와인딩에서 보강섬유를 축에 직각으로 감는 방법
- Cold setting adhesive : 경화제를 첨가하여 상온에서 경화시킬 수 있는 합성수지 접착제
- Chopped Strand Mat (CSM) : 약 50mm 정도의 강화섬유가 분산된 매트 형상의 보강재료 섬유가 바인더로 부착되어 있음
- Composites or Composite Materials : 어떤 특성 또는 성질을 얻기 위하여 두 가지 이상의 재료를 혼합하여 만들어진 재료

- Continuous Filament : 길이가 매우 긴 연속된 섬유
- Continuous Filament Mat (CFM) : 연속섬유를 임의의 방향으로 배열하여 얻어진 매트형상의 보강재
- Coupling Agent : 보강재와 기지재료의 계면에서 보다 강한 접합을 이루어지게 하는 계면연결 화학물질
- Crazing : 플라스틱 재료의 표면이나 내부에 그물모양으로 퍼져있는 미세한 균열
- Cure : 수지의 성질을 화학적 반응에 의하여 바꾸는 것이며, 보통 열을 가하거나 촉매의 작용에 의한 중합반응을 통하여 경화되어 이루어지는 성형
- Cure Cycle : 성형사이클(경화조건)
- Cure Stress : 경화단계에서 경화반응으로 인하여 생성되는 잔류 내부응력
- Delamination : 적층판 각 층사이의 접착력이 상실되어 물리적으로 분리되는 것
- Dough Moulding Compound (DMC) : 열경화성 수지와 춉(chop)된 섬유의 혼합물로 구성되어 고온고압 하에서 성형됨
- Drop Off : 보강층의 끝 처리 때문에 발생하는 적층 두께에서 변화
- E-glass : 전기적 저항이 우수한 유리섬유로 전기절연물에 이용되기도 하며, 강화플라스틱에서 가장 보편적인 보강섬유로 사용되는 유리섬유
- End : 주어진 수효의 섬유가닥으로 이루어진 로빙의 스트랜드(strand)를 나타냄
- Fabric : 직조된 섬유이며, 보통 2차원 구조를 가짐
- Fiber glass : 유리를 용융시켜 가는 섬유형태로 만든 섬유
- Fiber orientation : 대부분의 섬유가 같은 방향으로 늘어섰을 때 섬유의 방향
- Filament : 길이가 무한한 개개의 유리섬유이며, 용융된 유리로부터 미세구멍을 통하여 인발하여 만들어짐

- Filament Winding : 연속 강화섬유를 멘드릴(mandrel)에 감는 공정
- Filler : 물리적, 역학적, 온도, 전기 또는 다른 특성을 바꿀 때 또는 색깔을 내거나 표면질감을 향상시키기 위하여 복합신소재에 섞는 비교적 비활성인 재료
- Flash : 성형 중 금형에서 흘러나오거나 뽑혀 나온 수지이며, 보통 탈형선을 따라 제품에 붙어 있는 여분의 수지를 말함
- Fiber Reinforced Plastic(FRP) : 섬유강화플라스틱 또는 섬유강화폴리머이며. 직물, 매트, 스트랜드 등 어떤 형태로든지 섬유로 보강된 모든 종류의 복합신소재를 가리킴
- Gel : 수지가 액상에서부터 완전 경화되는 중간단계로 고형화되어 형상의 변형이 어려운 상태
- Gel Coat : 적층작업 전에 금형표면에 칠해서 경화시킨 수지이며, 완성된 적층구조물의 일부분이 되는 데 보통 표면상태를 좋게 하기 위하여 사용됨
- Gel Time : 열경화성 수지를 사용할 때 경화 반응중에 겔화될 때까지의 시간
- Hand Lay-up : 수작업으로 금형 위에 수지가 함침된 보강재를 적층하는 공정
- Hybrid : 복합신소재를 알루미늄, 강재 등의 다른 재료에 붙인 것이나 탄소섬유나 유리섬유 등 두 가지 이상의 보강재료를 이용한 복합신소재
- Impregnate : 복합신소재에서 섬유보강재료에 수지를 스며들게 하는 것
- Inhibitor : 화학반응을 지연시키는 물질을 뜻하며, 저장시간을 늘리기 위하여 수지에 사용됨
- Interface : 두 가지 다른 재료사이의 면이나 접합점
- Interlaminar : 두 개 이상의 인접한 단층(lamina) 사이에 발생하거나 존재하는 어떤 공극이나 파괴와 관계되는 용어.
- Interlaminar Shear : 적층재료에서 각 층간의 최대 전단력

- Isotropy : 적층면의 길이나 폭방향 또는 두께방향으로의 물성이 같은 것
- Lamina : 적층의 단일 층
- Laminae : 라미나(lamina)의 복수
- Laminate : 두 개 이상의 라미네(laminae)를 압력과 열을 가하여 접착에 의해서 만들어진 제품
- Lay-up : 금형안에 보강재료를 자리에 놓는 제조공정
- Mandrel : 직물 또는 수지가 함침된 섬유를 감아 파이프, 튜브 또는 용기 등 속이 빈 모양이 나오도록 하는 데 쓰이는 심재이며, 성형이 끝난 후 제거하기도 하고 그냥 두어 구조물의 일부가 되기도 함
- Mat : 복합신소재 섬유상 물질로서 임의의 방향으로 배열된 단섬유 및 연속섬유로 이루어져 있음
- Matrix : 복합신소재에서 보강섬유를 서로 접합시켜 전체적인 형상을 이루게 하는 기지 재료로 합성수지를 일컬음
- Monomer : 수지 분자들이 반응을 일으켜 폴리머를 형성할 수 있는 가장 작은 단위분자
- Orthotropic : 서로 직교하는 세개의 상호 수직평면을 가진 것을 일컬음
- Peel Ply : 다른 구조물 또는 단층을 접착시킬 때 접착성을 향상시키기 위하여 성형후 벗겨 제거되는 적층판의 최외층
- Ply : 라미나(lamina)의 동의어
- Preform : 섬유상의 보강재를 최종제품의 모양대로 미리 만들어 놓는 것이며, 보통 단섬유를 천공 스크린 표면위에 놓고 공기압이나 진공을 가함으로써 개략적인 모양과 두께를 얻음

- Prepreg : 시트(sheet) 상의 성형가능한 재료이며, 직포, 매트, 종이에 수지가 함침되어 있는데, 이 수지는 B-stage까지 부분적으로 경화되어 있음

- Pultrusion : 막대, 관 또는 단면이 일정한 구조용재를 만드는 방법으로 섬유를 수지통에 통과시킨 후 원하는 단면을 성형하기 위한 금형을 통해 뽑아내는 공정

- Reinforced Plastic : 보강재를 첨가함으로써 기계적 성질이 현저히 향상된 플라스틱

- Release Agent : 수지가 금형표면에 붙지 않도록 하기 위하여 얇은 필름형태로 금형표면에 칠하는 물질

- Resin Content : 적층판의 수지함량으로서 전체의 무게 또는 체적에 대한 수지의 무게 또는 체적비율로 나타냄

- Roving : 연속섬유의 다발을 가리키는 것으로서 다발 전체가 약간 꼬여 있을 수도 있고 꼬임이 없을 수도 있으며, 주로 필라멘트 와인딩에서 많이 사용됨

- Sandwich Construction : 경량의 심재(core) 재료(허니컴, 발포플라스틱)의 양면에 얇고 고강도 면재(facing)을 붙여서 만드는 판재

- Spray-up : 성형공법으로 스프레이 건(spray gun)을 사용하여 성형하는 방법이며, 강화플라스틱 성형에서 유리섬유와 수지의 혼합물을 스프레이 건으로 몰드 표면에 일정한 두께에 이를 때까지 뿌려 성형하는 방법

- Strand : 꼬지 않은 연속섬유의 기본적인 다발

- Surface or Surfacing Mat : 보통 0.18~0.51mm 두께의 아주 얇은 유리섬유로 만든 매트로서 강화플라스틱 적층판에서 표면을 평활하게 만들기 위하여 사용됨

- Thermoplastic : 열을 가하면 화학적이 아닌 물리적인 변화가 생겨 온도를 올리면 부드러워지고 낮추면 단단해지는 과정을 반복적으로 할 수 있는 성질을 가진 열가소성수지

- Thermoset : 열을 가하거나 화학적인 방법으로 경화되었을 때 잘 분해되지 않고 녹지도 않게 변화되는 열경화성 수지

- Tow : 보통 천개 이상의 아주 많은 연속섬유로 이루어진 다발로서 꼬여있지 않은 상태

- Unidirectional Laminate : 섬유가 한 방향으로 배열된 복합신소재 적층판

- Vacuum Bag Moulding : 복합신소재 성형공정 중의 하나로서 금형 위에 레이업(lay-up)을 놓고 비닐백을 씌우고 진공을 걸어 성형하는 방법이며, 이 때 레이업 사이의 공기 및 수지로부터의 휘발물질은 진공에 의하여 제거되게 됨

- Veil : 유리섬유 또는 유기질 섬유로 만들어진 아주 얇은 매트로서 써페이스 매트(surface mat)와 유사함

- Warp : 직조물에서 길이방향의 섬유

- Weft or Fill : 직조물에서 길이방향에 대한 가로방향의 섬유이며, 워프(warp)와 수직방향의 섬유

- Wet Lay-up : 보강재와 액상의 수지를 함께 레이업하는 방법이며, 프리프레그와 대별됨

- Wet Winding : 필라멘트 와인딩에서 섬유를 맨드럴에서 감기 바로전에 수지를 섬유에 함침시켜 감는 방법

- Woven Fabrics : 스트랜드를 주로 직교하게 짜서 만든 직물

- Woven Roving : 로빙을 직조하여 만든 아주 두꺼운 유리섬유 직물

- Yarn : 직조용으로 사용하기 편하게 꼰 섬유다발로 로빙에 비하여 얇고 물성이 뛰어남

1.3 주요기호

α : 판의 강성계수

β_x , β_y : 판의 응력집중계수

γ_A : 작용하중의 부분안전계수

γ_G : 영구하중의 부분안전계수

γ_{GA} : 돌발상황 하의 영구하중의 부분안전계수

γ_G : 영구하중 하한값의 부분안전계수

γ_G : 영구하중 상한값의 부분안전계수

$\gamma_{G,j}$: 영구하중 j에 대한 부분안전계수

$\gamma_{GA,j}$: $\gamma_{G,j}$ 와 같으나 돌발설계상태의 영구하중 j에 대한 부분안전계수

$\gamma_{Q,i}$: 변동하중작용 i의 경우의 부분안전계수

γ_Q : 변동하중의 부분안전계수

Δ : 구성재료의 밀도

Δ_f : 섬유의 밀도

Δ_m : 수지의 밀도

ϕ : 강도감소계수/저항계수

γ_m : 재료성질에 대한 부분안전계수

$\gamma_{m,i}$: 조건별(i) 재료성질에 대한 부분안전계수

ε_{mf} : 수지의 파괴 변형률

ε : 축 변형률

ν_{xy} : 프아송 비

ρ_f : 섬유의 비중

ρ_m : 수지의 비중

$\sigma_{c,k}$: 적층의 압축강도

$\sigma_{c,cr}$: 단면의 최소 임계좌굴강도

$\sigma_{c,cr,y}$: 단면의 임계좌굴강도

$\sigma_{r,k}$: 볼트의 베어링파괴 응력

$\sigma_{\phi,k}$: 볼트의 순단면파괴 응력

$\sigma_{t,k}$, $\sigma_{c,k}$: 적층 또는 패널(panel)의 인장, 압축강도

$\sigma_{x,t,k}$: 적층에서 전단면에 작용하는 인장강도

$\sigma_{y,c,k,f}$: 플랜지의 횡압축강도

$\sigma_{y,c,k,w}$: 복부판의 횡압축강도

$\sigma_{x,b}$: 휨응력

$\sigma_{x,cr,c}$: 임계 좌굴응력

$\sigma_{x,cr,b}$: 전단응력이 배제된 면내 임계 좌굴 휨응력

$\tau_{sn,k}$: 볼트의 전단파괴 응력

τ_{xy} : 면내 전단응력

τ_{cr} : 수직응력이 배제된 임계 좌굴전단응력

$\tau_{xy,cr,b}$: 임계좌굴 전단응력

$\tau_{xy,k}$: 적층의 면내 전단강도

Ψ_0, Ψ_1, Ψ_2 : 변동하중에 대한 수정계수

w_f : 섬유의 중량비

w_m : 수지의 중량비

A : 단면적

A_d : 돌발하중의 설계값

A_{net} : 순단면적

A_v : 복부의 전단면적

A_{eff} : 유효 면적

A_{ij} : 인장에 관한 적층강성

a : 좌굴의 길이, 플랜지의 길이

a_{ij} : 컴플라이언스

b : 전반적인 폭

b_s : 보강재의 종방향의 간격

B_{ij} : 커플링(coupling)에 관한 적층강성

C_d : 고려된 하중의 설계영향에 관련된 강도의 설계값

d : 깊이

d_w : 복부의 깊이 = $d - 2t_t$

D_d : 손상지시계의 설계값

D_x : 종방향의 휨강성

D_y : 횡방향의 휨강성

D_{ij} : 휨에 관한 적층강성

E_d : 작용하중의 설계값

$E_{d,dst}$: 비좌굴하중의 설계영향

$E_{d,stb}$: 좌굴하중의 설계영향

E_f : 섬유의 탄성계수

E_m : 수지의 탄성계수

E_r : 원주방향 탄성계수

E_ϕ : 접선방향 탄성계수

$E_{y,d}$: 횡방향의 탄성계수

$E_{x,t,k}$: 종방향의 특정 인장탄성계수

$E_{z,b,k}$: 약축에 대한 휨탄성계수

E_1 : 단층의 종방향 탄성계수

E_2 : 단층의 횡방향 탄성계수

F_v : 총 수직하중

F_d : 설계하중

G_d : 영구하중

G_k : 영구하중의 특성값

$G_{k,j}$: 영구 작용하중의 특성값

G_{12} : 단층의 면내 전단탄성계수

G_{13} : 단층의 면외 전단탄성계수 (1-3 평면)

G_{23} : 단층의 면외 전단탄성계수 (2-3 평면)

G_{sn} : 면외 전단 탄성계수

G_{xy} : 복부의 면내 전단탄성계수

h : 보의 전반적인 높이

K_{test} : 충분한 시험 표본이 없는 경우 감소계수

L : 횡방향 구속된 점사이의 보의 길이

I_{zz} : 약축에 관한 단면2차모멘트

I_w : 뒴상수

J : 비틀림 상수

K : 약축에 대한 단부회전을 고려한 유효길이계수

M_x, M_y, M_{xy} : 단위폭당 휨모멘트

M_{Sd} : 설계휨모멘트

M_{Rd} : 단면의 내부설계휨모멘트 강도

$M_{c,cr}$: 단면의 국부 좌굴강도

$M_{b,cr}$: 부재의 측면 비틀림 좌굴모멘트강도

N_x, N_y, N_{xy} : 단위폭당 축력

$N_{t,Sd}$: 설계 인장력

$N_{t,Rd}$: 단면에 대한 설계 인장강도

$N_{c,Sd}$: 설계 압축력

$N_{c,Rd}$: 단면에 대한 설계 압축강도

$N_{c,cr}$: 부재의 좌굴강도

q_0 : 하중강도

Q_k : 변동하중의 특성값

$Q_{k,1}$: 변동하중의 한개의 특성값

$Q_{k,i}$: 다른 변동하중의 특성값

Q_{ij} : 적층강성

$\overline{Q_{ij}}$: 변환 적층강성

R_d : 내력, 모멘트, 변형률, 변위의 설계강도

R_o : 참고강도/특성강도

R_{test} : 충분한 시험 표본이 없는 경우 최소 시험강도

R_u : 지점부의 지지반력

S^* : 설계실행 영향

S_d : 내력, 모멘트, 변형률, 변위의 설계값

S_s : 보강지압길이

S_n : 단면의 높이의 반을 통하여 45°로 하여 분산됨으로 얻어지는 길이

t_w : 복부의 두께

t_f : 플랜지의 두께

V : 구성재료의 부피 비

V_f : 섬유부피율

V_m : 수지의 부피비

V_{Sd} : 단면의 설계 전단력

V_{Rd} : 단면의 설계 전단강도

w : 처짐

W : 구성재료의 중량비

W_t , W_c : 인장과 압축에 대한 단면계수

1.4 좌표 체계

X, Y, Z : 부재 축

x, y, z : 요소 축

1, 2, 3 : 요소의 단층 재료 축

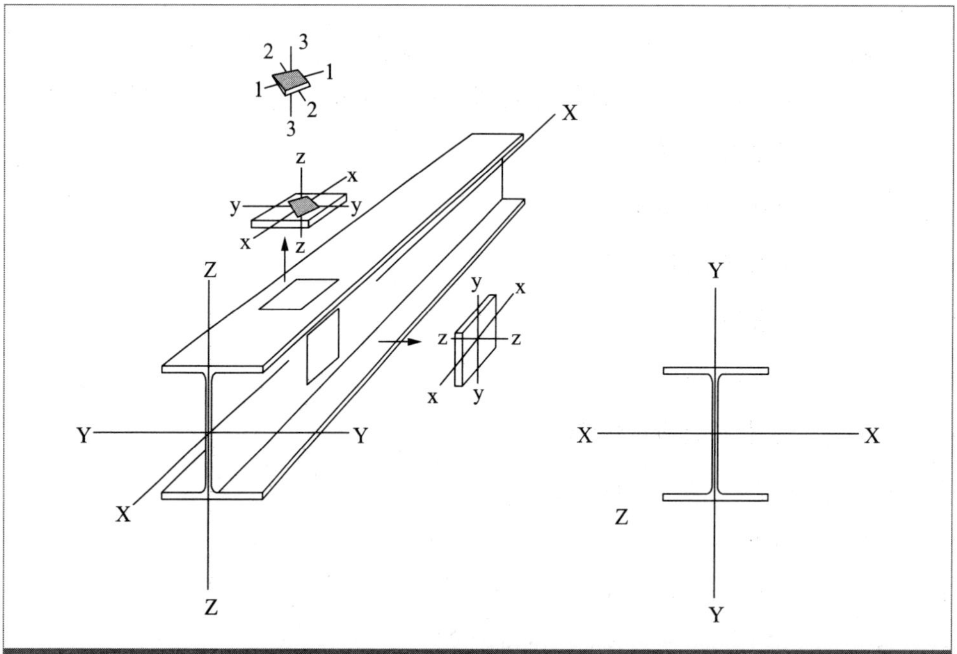

그림 1.1 좌표 체계

02 설계원칙

2.1 설계요구조건

2.1.1 일반사항

설계자의 목표는 설계대상 구조물이 안전성, 내구성, 사용성, 시공성, 경제성 및 미관을 고려한 구조물이 되도록 설계하는 것이다. 복합신소재(Advanced composite materials)로 만드는 구조물은 이러한 목표에 맞추어 기존 건설재료로 만든 구조물의 성능을 충족하거나 이상이어야 한다. 복합신소재 구조물에 대한 이러한 목표를 달성하기 위해 복합신소재 강도의 변동 및 구조성능 기초데이터를 기반으로 신뢰성 이론에 의한 복합신소재구조물의 안전성 평가 및 확보를 위한 한계상태 해석이 요구된다.

(1) 복합신소재구조물은 신뢰도를 바탕으로 구조물이 사용기간 동안 발생할 수 있는 하중작용과 그 작용하중에 의해 구조물에 일으키는 거동에 대해 안전하고 경제적이며, 내구성이 확보되도록 설계하여야 한다.

(2) 복합신소재구조물은 하중작용 이외에 폭발, 인위적 손상 등에 대해 안전하도록 설계해야 한다.

(3) 잠재적 손상원인을 제한하거나 각 부재의 갑작스런 제거에도 충분히 견딜 수 있는 구조물의 형태 및 연결 설계를 해야 한다.

2.1.2 한계상태

(1) 한계상태는 복합신소재구조물이나 구조요소가 본래의 목적을 달성하기에 부적합하게 되거나 구조적 기능을 상실하는 상태를 말하며, 강도한계상태와 사용성한계상태가 있다.

(2) 강도한계상태는 복합신소재구조물의 일부분 또는 전체의 붕괴와 관련되는 구조물의 안전을 위험할 수 있는 한계상태를 말하며, 다음과 같다.

- 구조물의 평형상실
- 국부적인 구조물의 과도한 변형, 불안정에 의한 전체구조 붕괴로 확대
- 재료강도의 한계를 초과함으로써 부재의 내하력 상실

(3) 사용성한계상태는 손상으로 인하여 복합신소재구조물의 용도상 구조적 기능이 저하, 손상되는 구조물의 한계상태를 말하며, 다음과 같다.

- 외관, 내구성 또는 방수에 영향을 미치는 복합신소재의 균열, 층간분리
- 내구성 저하를 유발하는 과도한 응력으로 복합신소재 국부적 손상

2.1.3 파괴예고

(1) 복합신소재 구조물은 하중작용에 의해 구조물에 일으키는 응력과 변형률에 있어서 선형거동을 넘어서면 연성거동이 적어짐을 보임에 따라 복합신소재구조물은 하중작용에 의한 강도한계상태(Strength limit state)에 도달하기 전에 사전 파괴예고가 있도록 설계하여야 한다.

(2) 복합신소재구조물의 파괴는 항복점에 도달할 때 국부적으로 발생하게 되므로 파괴모드에 대한 강도한계상태에 도달되기 전에 구조물의 구조적 기능저하 및 손상되는 구조물의 사용성한계상태(Serviceability limit state)를 고려하여 설계하여야 한다.

2.1.4 비등방성 영향

(1) 복합신소재 적층판, 인발성형 단면의 설계에 있어서 섬유함유량, 단층섬유의 보강각도 및 두께, 적층순서 및 적층수의 영향을 검증해야 한다.

(2) 적층판의 적층순서의 다음 방법은 두 개 이상의 판으로 이루어진 적층판의 면내 커플링(Coupling)의 비등방성 영향을 최소화하기 위해 인발성형 단면의 설계할 때 적층순서는 다음사항을 권장한다.

(a) 적층판은 섬유보강 각도가 적층의 중립면에 대칭으로 적층되어야 한다.

(b) 직조섬유를 사용한 경우를 제외하고 인접한 적층판의 섬유보강 각도는 60° 미만으로 이루어져야 한다.

(c) 섬유보강 각도가 0°와 90°가 함께 묶여지는 것을 피하며, 층간분리와 하중재하 시 적층두께에 전반적인 응력을 최소화하기 위해 ±45°로 분리하여 적층한다.

(d) 유사한 적층 패턴을 함께 묶는 것을 피해야한다.

(3) 적층판의 자유단, 적층판의 연단, 적층판 구멍에서 층간분리가 일으키지 않도록 섬유배열을 하여야 한다.

2.1.5 처짐

(1) 복합신소재구조물의 처짐에 대한 한계는 복합신소재의 특성에 적합하도록 한계범위 내에 처짐이 발생하도록 설계해야 한다.

(2) 처짐 한계값은 관련 조건을 고려한 규정에 따라야 한다.

2.1.6 내구성

(1) 복합신소재구조물의 내구성을 확보하기 위해서 다음 요소를 고려하여 설계해야 한다.

- 복합신소재구조물의 사용수명
- 복합신소재의 특성 및 성능
- 예측된 환경조건에서 사용수명기간의 유지관리

2.1.7 크리프

(1) 크리프는 일정한 하중작용에 복합신소재구조물의 시간에 종속된 변형을 말한다.

(2) 크리프계수는 주어진 경과시간 후 복합신소재의 나타난 추가적인 변형률로부터 정의된다.

(3) 크리프의 크기에 영향을 미치는 크리프계수의 범위를 결정하는 요소는 다음과 같다.

- 기지 종류와 경화 정도
- 섬유와 기지 사이의 계면부착정도
- 섬유의 파단
- 섬유의 형상
- 하중작용에 대한 섬유배열각도

(4) 복합신소재구조는 강도한계상태와 사용성한계상태에서 크리프의 영향을 고려하여 설계하여야 한다.

(5) 복합신소재구조의 크리프를 고려한 설계시 다음사항을 따른다.

- 크리프와 수축은 독립적이다.
- 크리프와 응력은 선형관계에 있다고 가정한다.
- 불규칙한 온도와 습도의 영향은 무시한다.
- 중첩의 원리는 하중작용에 대해 적용할 수 있다고 가정한다.

2.1.8 피로

(1) 복합신소재구조물은 적당한 확률을 가지고, 피로하중에 의해 쉽게 파괴되거나, 피로로 인한 손상이 발생하지 않도록 설계되어야 한다.

(2) 복합신소재구조물은 피로하중에 대한 사항들을 충분히 고려하여 설계하여야 한다.

- 들어올리기 기구 또는 회전하중을 지지하는 부재
- 진동 기계로 인한 반복되는 응력회전을 받는 부재
- 풍하중으로 인한 진동 또는 응력 반전을 받는 부재
- 다량의 유도진동을 받는 부재

(3) 피로설계에서 사용된 작용하중은 구조물 피로하중의 규정을 따른다.

(4) 복합신소재구조물의 피로 설계에서 다음 사항을 고려하여 설계해야 한다.

- 피로 파괴 기준
- 구조물이나 부재에서 요구되는 피로수명
- 기하학적인 효과와 건설방법으로 야기된 응력집중 그리고 동적인 진동 요소의 원인으로 변동하는 수직응력과 전단응력의 최대, 평균 그리고 최소값

2.1.9 충격

(1) 일반적으로 복합신소재구조는 응력-변형률의 선형거동이후에 연성거동을 보이지 않아 파괴는 항복점에 도달한 후에 바로 일어날 수 있다.

(2) 복합신소재구조물이 충격하중을 받을시 가능한 실제적인 조건하에서 설계하중에 견디도록 해야 할 것이다.

(3) 사용한계상태에서의 설계기준은 충격하중 발생률을 고려하여 선택하여야 할 것이다.

(4) 충격하중 작용 후 구조물은 기능적으로 충분한 강도를 유지해야 할 것이며, 안전하고 충격에 대해 대비해야 할 것이다.

(5) 표준시험으로 얻은 충격강도 데이터는 직접적으로 부재의 성능을 예측하는데 이용할 수가 없으며, 충격설계는 완제품 시험을 통해 증명해야 할 것이다.

(6) 제작품 충격 시험은 실제적으로 매우 유사한 사용충격조건에서 모의실험을 위해 설계되어야 할 것이다.

2.1.10 폭발

(1) 폭발/폭파를 받는 복합신소재구조물은 특정 시간 동안에 과도한 압력을 일으키는 폭발/폭파의 영향에 견딜 수 있도록 설계해야 한다.

(2) 폭파하중은 고정하중과 부과하중과 조합하여 고려하여 설계해야 한다.

(3) 폭파하중의 정적하중과 지속기간은 설계시 사용될 것이며, 구조물의 동적 응답과 강성, 연성 또는 연성 거동의 부족, 에너지 흡수 등등과 같은 요소들을 고려해야 한다.

2.1.11 내화

(1) 내화설계에서 있어서 기본사항은 건물규정을 따른다.

(2) 내화설계에 있어 다음 기본사항을 고려하여 설계해야 한다.

- 복합신소재 기지는 유기 합성물이며, 기지의 가연성에 대해 주의해야 한다.
- 부재의 부분설계로 된 구조물의 과도한 사용
- 가연성, 열 발생, 증기방출, 중독하고 유독한 발연 등을 갖는 부재의 열에 대한 직접적인 영향
- 화재 손상의 결과에 따른 파괴, 정착부나 다른 구조물과의 연결부위의 부재 강성 또는 강도의 감소

(3) 복합신소재 구조부재의 내화설계시 다음 사항이 고려되어야 한다.

- 열 저항
- 발화성
- 표면에 확산된 화염
- 화재 진행방향
- 열 침투
- 온도상승으로 인한 강도 상실
- 증기 방출
- 중독성이 있고, 유독한 발연

(4) 설계자는 복합신소재구조물의 샘플시험으로 화재기준을 정하고자 할 때 주의해야 한다. 왜냐하면, 실제 화재에서의 복합신소재구조물 또는 구조적 조건의 시스템의 성능을 충분히 반영하지 못하기 때문이다.

2.2 구조해석

2.2.1 기본 조건

(1) 해석은 복합신소재구조물의 전체 또는 국부적인 내력 및 모멘트, 또는 응력 및 변형률 그리고 변위의 분포를 결정하는 것이다.

(2) 해석은 복합신소재구조물의 거동에 대한 이상화를 통해 적절히 선택된 요소를 가지고 모델링을 수행하며, 요소로는 선형요소, 2차원 요소, 쉘(Shell)요소로 이루어졌다는 가정 하에 이상화한다.

(3) 해석을 위한 복합신소재구조물 거동의 이상화는 탄성거동, 2차 효과를 고려한 탄성거동 및 비선형 거동으로 분류한다.

(4) 선형변형률 분포가 적용되지 않는 조건, 전단변형이 분명한 경우, 특별 제작된 연결부를 사용할 때 별도의 국부해석을 실시해야 한다.

2.2.2 강도한계상태 해석

(1) 복합신소재구조물의 설계 또는 제작시의 조건에 따라 강도한계상태에서 선형탄성해석이 수행되어야 한다.

(2) 복합신소재구조물의 요소처짐과 같은 거동이나 특별히 고안된 연결부에 대해 강도한계상태에서 비선형해석을 수행할 수 있다.

(3) 절점은 임계단면에서 멀리 위치해야 하며, 가능하지 않다면 절점의 변형 또는 회전을 확인하여 강도한계상태에서 해석을 수행해야 한다.

(4) 복합신소재구조 부재에 작용되는 축하중, 횡방향 비틀림 하중 및 휨부재에 작용하는 축하중의 영향에 의한 탄성좌굴 안전성에 대해 강도한계상태에서 해석이 수행되어야 한다.

2.2.3 사용성한계상태 해석

(1) 복합신소재구조 부재의 탄성계수와 강성 값은 단기성질에 기반을 두고 있다. 시간에 종속적인 영향에 대한 고려가 만약 중요하다면 장기성질에 기반한 물성값을 반영하여 사용성한계상태에서 해석이 수행되어야 한다.

(2) 연결부위는 선형탄성이론에 기반을 두고 사용성한계상태에서 해석을 수행해야 한다.

(3) 복합신소재구조의 전단이 구조물의 성능이나 부재에 중대한 영향을 미치는 곳에서는 사용성한계상태에서 해석을 수행하여야 한다.

2.2.4 하중 및 하중조합

2.2.4.1 일반사항

(1) 하중조합은 한계상태별 하중조합을 고려하며, 활하중의 위치, 크기, 방향과 특별히 검증으로 고려된 변형과 결함으로 결정한다.

(2) 하중계수들은 최대하중조합효과가 계산되도록 선정하며, 각 하중조합에서 정과 부의 극한상태를 모두 검토한다.

(3) 하중조합은 구조물의 전체단면이나 국부적인 부분에서 한계설계조건을 고려하여 설계되어야 한다.

2.2.4.2 하중

(1) 작용하중으로는 구조물에 작용하는 직접 작용하중과 온도변화에 의한 변형 및 침하에 의한 부과된 변형에 의한 간접 작용하중작용으로 분류하며 일반 건설구조물 규정에 따른다.

(2) 하중작용의 분류

1) 시간변수에 의한 분류

- 불변 하중작용(G) ; 구조물, 장비, 부속물, 고정 장비의 자중
- 가변 하중작용(Q) ; 부과하중, 풍하중, 설하중
- 임의 하중작용(A) ; 돌풍, 폭발 또는 자동차에 의한 손상

2) 공간변수에 의한 분류

- 고정하중 작용 ; 자중
- 활하중 작용 ; 충격하중, 풍하중, 설하중

(3) 간접 하중작용은 지점침하 또는 온도 등이 있다.

2.2.4.3 강도한계상태의 하중조합

2.2.4.3.1 검증조건

(1) 구조물의 정적평형 혹은 전체 변위나 변형의 한계상태를 고려할 때 다음사항을 검증해야 한다.

$$E_{d,dst} < E_{d,stb} \tag{2.1}$$

여기서, $E_{d,dst}$ 와 $E_{d,stb}$ 는 비좌굴하중의 설계영향과 좌굴하중의 설계영향이다.

(2) 단면, 부재 혹은 연결부(피로포함)의 파열이나 과도한 변형의 극한상태를 고려할 때, 다음사항이 검증되어야 한다.

$$S_d \leqq R_d \tag{2.2}$$

여기서, S_d는 내력, 모멘트, 변형률, 변위의 설계값을 나타낸다. R_d는 각각의 설계값을 갖는 모든 구조적 성분에 관련한 변형률 혹은 변위에 대한 설계 저항 혹은 한계값이다.

(3) 구조물이 거동원리의 변환에 대한 한계상태를 고려할 때 각각의 설계값과 함께 모든 구조특성에 연관된 거동원리의 하중작용이 설계값을 초과하지 않는다면 발생하지 않는 다는 것을 증명해야 한다.

(4) 2차 영향에 의해 유도된 좌굴의 한계상태를 고려할 경우 각각의 설계값으로 관련된 구조적 성분에 관련하여 하중이 그들의 설계값을 초과하지 않는다면 불안정은 발생하지 않는 다는 사실이 검증되어야 한다.

(5) 피로에 의한 파괴의 한계상태를 고려할 경우 다음사항이 검증되어야 한다.

$$D_d \leqq 1 \tag{2.3}$$

여기서, D_d는 손상지시계의 설계값이다.

2.2.4.3.2 하중조합

(1) 각 하중의 경우 작용하중에 대하여 설계값 E_d는 표 2.1에 명시된 바와 같이 하중의 설계값을 포함하는 조합규칙으로 부터 결정되어야 한다.

표 2.1 하중조합에 있어 사용을 위한 설계값

설계상태	영구하중	변동하중		돌발하중
	G_d	특성값이 단일인 경우(Q_d)	조합값을 갖는 여타의 경우(Q_d)	A_d
영속과 일시적인 경우	$\gamma_G G_k$	$\gamma_Q Q_k$	$\Psi_0 \gamma_Q Q_k$	-
돌발의 경우	$\gamma_{GA} G_k$	$\Psi_1 Q_k$	$\Psi_2 Q_k$	$\gamma_A A_k$ (만약 A_d 가 직접명기되지 않는 경우)

(2) 표 2.1의 설계하중 또는 소요강도는 다음과 같은 식들을 사용하도록 조합되어야 한다.

- 피로(기본조합)와 관련된 여러항 보다 다른 항을 검증하기 위한 영속적이고 일시적인 설계상태는 다음과 같다.

$$\sum \gamma_{G,j} G_{k,j} + \gamma_{Q,1} + Q_{k,1} + \sum \gamma_{Q,i} \Psi_{0,i} + Q_{k,i} \quad (i > 1) \tag{2.4a}$$

- 돌발설계상태:

$$\sum \gamma_{GA,j} G_{k,j} + A_d + \Psi_{1,1} Q_{k,1} + \sum \Psi_{2,i} Q_{k,i} \quad (i > 1) \tag{2.4b}$$

여기서, $G_{k,j}$ = 영구 작용하중의 특성값

$Q_{k,1}$ = 변동하중의 한 개의 특성값

$Q_{k,i}$ = 다른 변동하중의 특성값

A_d = 돌발하중의 설계값(검증된 값)

$\gamma_{G,j}$ = 영구하중 j에 대한 부분안전계수

$\gamma_{GA,j}$= $\gamma_{G,j}$ 와 같으나 돌발설계상태의 경우

$\gamma_{Q,i}$ = 변동작용 i의 경우의 부분안전계수

Ψ_0 , Ψ_1 , Ψ_2 = 변동하중에 대한 수정계수

부과된 변위는 관련된 어디든지 고려되어야 한다.

(3) 명백한 돌발하중 A(충격)을 포함하거나 혹은 돌발사건 ($A = 0$)후의 상태가 됐을 경우 두 가지 모두 돌발설계상태로 조합한다. 그 밖에 명시되어 있지 않다면 $\gamma_{GA} = 1$이 사용될 수 있다.

2.2.4.3.3 영구하중작용의 설계값

(1) 상기 정의된 다양한 조합에서 불리한 영향을 주는 변동하중의 영향을 증가시키는 영구하중은 상한 설계값으로 나타내야 하며, 하한 설계값에 의한 유리한 영향을 주는 변동하중의 영향은 감소시켜야 한다.

(2) 아래 (3)항의 경우를 제외하고 상, 하한 설계값은 어느 쪽이 주어지더라도 보다 불리한 영향이 구조물에 전반적으로 적용되어야 한다.

(3) 검증의 결과는 구조물의 있는 곳에 영구하중의 크기의 변화에 매우 민감하다. 이러한 하중의 불리한 부분과 유리한 부분은 개별적인 하중으로 고려되어야 한다. 이것은 정적평형의 특별성이 응용된다. 전술된 경우에서 특별한 γ_G 값은 고려될 필요가 있다.

(4) 캔틸레버보가 없는 연속보의 경우 자중에 대한 동일한 설계값은 모든 경간에서 적용될 수 있다.

2.2.4.3.4 강도한계상태의 부분안전계수

(1) 하중의 부분안전계수

1) 영속과 일시적인 설계상태의 부분안전계수는 표 2.2에 주어져 있다.

표 2.2 영속적이고 일시적인 설계 상태에서의 건설구조물에서의 하중의 부분안전계수

조건	영구하중	변동하중 γ_Q	
	γ_G^*	특성값이 1.0 인 경우	여타의 조합값인 경우
유리한 영향	1.0	**	**
불리한 영향	1.35	1.5	1.5

* (3) 아래 참조

** 건설구조물의 일반적인 경우는 $\gamma_{Q,inf} = 0$.

2) 식 (2.4b)가 적용되는 돌발 설계상태의 경우 변동하중에 대한 부분안전계수는 1과 같게 적용될 것이다.

3) 영구하중의 유리한 부분과 불리한 부분은 개별적 하중으로서 고려될 필요가 있고 유리한 부분은 $\gamma_{G,inf} = 1.1$ 에 따라야 하고 불리한 부분은 $\gamma_{G,sup} = 1.35$ 이어야 한다.

4) 이미 작용한 변위에서는 선형거동으로 가정하고 불리한 영향에 대한 변동하중계수(γ_Q)는 20% (즉, $\gamma_Q = 1.35$) 만큼 감소시켜야 한다.

5) 방향성의 영향인 방향력의 성분은 독립적으로 작용하고 유리한 성분에 적용되는 계수는 20% 감소시켜야 한다.

6) 표 2.2에 주어진 γ 값은 적용함으로써, 식 (2.4a)은 다음 같은 식으로 대체될 수 있다.

- 한 개의 변동하중 $Q_{k,1}$ 만의 설계상태

$$\sum \gamma_{G,j} + 1.5\ Q_{k,1} \tag{2.5a}$$

- 두 개 이상의 변동하중 $Q_{k,i}$ 의 설계상태

$$\sum \gamma_{G,j} + 1.35\,Q_{k,i} \quad (i = 1,\ 2,\ \cdots,\ n \text{ and } n > 1) \tag{2.5b}$$

어느 쪽이든 큰 값을 취한다.

(2) 재료의 부분안전계수

1) 재료 성분의 부분안전계수는 다음 표 2.3과 같다.

표 2.3 재료의 부분안전계수

부분안전계수	설명(조건 i)	$\gamma_{m,i}$		비고
		최대	최소	
$\gamma_{m,1}$	시험값(불확실수준)에서의 재료성분임	2.25	1.0	(a), (b) 그리고 (c)
$\gamma_{m,2}$	재료와 생산과정	2.7	1.1	(a), (b) 그리고 (c)
$\gamma_{m,3}$	환경영향과 하중의 지속기간	3	1	(a), (b) 그리고 (c)

(a) 강도한계상태에서, 재료성분의 부분안전계수(γ_m)는 다음과 같은 식으로 나타낸다.

$$\gamma_m = \gamma_{m,1}\,\gamma_{m,2}\,\gamma_{m,3} \tag{2.6}$$

여기서, $\gamma_{m,1} \cdots \gamma_{m,3}$ 는 비고와 표 2.3으로부터 얻어지는 부분안전계수이다. 건설구조물에서 γ_m 은 1.5 이하와 10.0 이상의 값을 취해서는 안된다.

(b) 표 2.3에 주어진 부분안전계수가 적용될 수 있는 설계상태는 하중이 영속적이거나 혹은 일시적인 경우이다. 돌발하중이 고려되는 경우 위의 (a)에서와 같이 계산된 γ_m 값은 많은 감소를 정당화할 수 있는 시험데이터나 보다 상세한 정보가 아니라면 1/3을 초과하지 않으로 감소되어야 한다. 고려되는 경우 비고 (a)에 주어진 γ_m 의 한계를 초과하지 않는다는 것을 조건으

로 한다. 위의 (a)에서 계산된 γ_m 의 보다 높은 값의 가정은 섬유 혹은 수지, 인발 혹은 전체판, 부재요소의 경우에는 단층과 적층의 저항을 계산하는데 있어 바람직하지 않는 증가를 야기할 수 있다. 이것은 고려된 단면에서 또는 그 밖의 부재단면에서 발생할 것이다. 그러한 경우에 그렇게 계산된 γ_m 의 값이 고려된 환경에서 보다 적은 값의 감소를 증명하는 시험자료 혹은 보다 상세한 정보가 없다면 1/3 미만으로 감소하여야 한다.

(c) 적층판, 패널 또는 인발성형 단면 특성을 도모하는데 있어 불확실한 수준에 관련된 부분안전계수($\gamma_{m,1}$)는 고려된 환경에서 보다 적은 값을 증명하는 시험자료 혹은 보다 상세한 정보가 아니라면 표 2.4에서 같이 특정값으로 나타내야 한다.

표 2.4 $\gamma_{m,1}$ 값

재료 성질의 유도 내용	$\gamma_{m,1}$
구성하는 재료(섬유, 수지)의 재료성질이 시험편 데이터로 부터 유도되었다.	2.25
개별 적층판의 재료성질이 이론으로부터 유도되었다.	2.25
적층판, 판넬 혹은 인발성형의 재료성질이 이론으로 부터 유도되었다.	2.25
개별 단층의 재료성질이 시험편 데이터로부터 유도되었다.	1.5
적층판, 판넬 혹은 인발성형의 재료성질이 이론으로 부터 유도되었다.	1.5
적층판, 판넬 혹은 인발성형의 재료성질이 시험편 데이터로 부터 유도되었다.	1.15

(d) 재료와 생산과정에 관련된 부분안전계수($\gamma_{m,2}$)는 고려하고 있는 환경에 보다 적은 값을 검증하는 실험 데이터 혹은 상세한 정보가 없다면 다음 표 2.5에서와 같이 따라야 한다.

표 2.5 $\gamma_{m,2}$ 값		
제조방법	$\gamma_{m,2}$	
	완전 작업경화	비완전 작업경화
수동 스프레이	2.2	3.2
기계 스프레이	1.4	2.0
수적층	1.4	2.0
RTM	1.2	1.7
프리프레그 적층	1.1	1.7
필라멘트와인딩	1.1	1.7
인발	1.1	1.7

(e) 환경영향과 하중의 지속성에 관련된 부분안전계수($\gamma_{m,3}$)는 고려되고 있는 환경에서 보다 적은 값을 검증하는 실험 데이터 혹은 보다 상세한 정보가 없다면 다음 표 2.6과 같이 따라야 한다.

표 2.6 $\gamma_{m,3}$ 값			
작업상의 설계온도** (℃)	HDT* (℃)	$\gamma_{m,3}$	
		단기재하	장기재하
25–50	55–80	1.2	3.0
	80–90	1.1	2.8
	> 90	1.0	2.5
0–25	55–70	1.1	2.7
	70–80	1.0	2.6
	> 80	1.0	2.5

* 열 뒤틀림 변형온도

**상기 범위 이외의 작업상의 온도의 경우는 전문가의 조언을 구해야 함

2) 이러한 값들은 구조재료의 시험편의 강도와 현장상태에서의 강도사이의 차이가 고려된 것으로 가정하여야 한다.

3) γ_m 의 높은 값과 낮은 값은 적당한 제어과정이 검증된다면 사용될 수 있다.

2.2.4.4 사용성한계상태의 하중조합

2.2.4.4.1 검증조건

(1) 다음 식은 검증되어야 한다.

$$E_d \leqq C_d \text{ 혹은 } E_d \leqq R_d \tag{2.7}$$

여기서, C_d = 고려된 하중의 설계영향에 관련된 강도 혹은 저항보다 다른 재료의 확실한 설계성분의 기능 혹은 표준값

E_d = 아래와 같이 정의된 조합의 하나를 기초로 하여 결정된 하중의 설계영향

사용성 증명을 위한 특별한 항목에서 필요한 조합이 검증되어야 한다.

(2) 사용성한계상태에 대한 하중의 3개 조합은 다음과 같은 식으로 나타낼 수 있다.

(a) 특이조합

$$\sum G_{k,j} + Q_{k,1} + \sum \Psi_{0,i} Q_{k,i} \quad (i > 1) \tag{2.8}$$

(b) 빈번한 조합

$$\sum G_{k,j} + \Psi_{1,1} Q_{k,1} + \sum \Psi_{2,i} Q_{k,i} \quad (i > 1) \tag{2.9}$$

(c) 유사-영구조합

$$\sum G_{k,j} + \sum \Psi_{2,1} Q_{k,1} \quad (i \geqq 1) \tag{2.10}$$

(3) 특이조합, 유사-영구조합의 측면에서, 복합신소재의 인장, 압축, 전단응력에 대한 상한계는 손상과 과도한 크리프에 의한 변형을 피하기 위해 고정되어야 한다.

(4) 사용성한계상태와 관계를 다루는 절에 단순화된 컴플라이언스 법칙의 경우 하중조합에 사용되는 상세계산은 필요하지 않는다.

(5) 세부적인 계산에 의한 사용성 한계상태의 컴플라이언스을 고려한 설계에서, 단순화된 식은 건설구조물에 적용할 수 있다.

(6) 건설구조물의 경우 특이조합이 빈번한 조합으로 부가적으로 사용될 수 있는 다음과 같은 식으로 단순화시킬 수 있다.

- 한 개의 변동하중 $Q_{k,1}$ 만에 의한 설계상태

$$\sum G_{k,j} + Q_{k,1} \tag{2.11}$$

- 두 개 또는 그 이상의 변동하중 $Q_{k,i}$ 를 갖는 설계상태

$$\sum G_{k,j} + 0.9 \sum Q_{k,i} \tag{2.12}$$

$$(i = 1, 2, \cdots, n \text{ and } n > 1)$$

어느 쪽이든 큰 값을 갖는다.

(7) 그 밖의 특별한 절에서 기술한 곳을 제외하고는 γ_m의 값은 1.3보다 작게 취해서는 아니 된다.

03 사용재료

3.1 일반사항

(1) 복합신소재의 구성재료가 구조물 거동에 중요하고, 그 재료의 성질이 변동될 수 있기 때문에 설계자는 강화재 섬유와 기지재 수지 제조 공급자들로부터 그 재료성질을 확인하는 절차를 거쳐야 한다.

3.2 섬유

3.2.1 단일섬유

(1) 섬유는 복합신소재에 구조강성 및 강도를 전달하기 위해 사용된다. 섬유의 선택, 보강형태의 상세 및 복합신소재에 행해지는 보강과정의 선택은 복합신소재에서 요구되는 재료성질에 의해서 결정된다.

(2) 복합신소재의 강도, 강성 그리고 응력-변형률 특성은 섬유 부피, 사용된 수지 그리고 외력에 관한 섬유보강방향의 함수이다. 유리섬유의 강도 특성은 직조에 의해서 감소될 수 있다.

(3) 복합신소재는 유리섬유의 접착을 조절하고 표면 안정을 얻기 위해서 적절한 등급으로 만들어 질 수 있다.

(4) 본 구조설계지침서를 적용하기 위해서는 다음의 보강섬유를 주로 사용한다.

- E-유리섬유
- C-유리섬유
- ECR-유리섬유

(5) 각각의 처리 직조공정전 유리섬유 종류에 따른 일반적 특성은 다음 표 3.1과 같다.

표 3.1 직조공정전 유리섬유 종류에 따른 물성

구분	E-유리섬유	C-유리섬유	ECR-유리섬유
비중	2.54	2.50	2.71
인장강도 N/mm^2 (22℃)	3400	3000	3300
인장탄성계수 kN/mm^2 (22℃)	72	69	72
신장율(%)	4.8	4.8	4.8
열팽창계수 (10^{-6}/℃)	5.0	7.2	5.9

3.2.1.1 E-유리섬유

(1) E-유리섬유는 고강도, 전기저항 복합신소재가 요구되어질 때 선택된다. 복합신소재에서 광범위하게 사용되는 섬유형태이다.

(2) 관련규격은 KS L 2513, ISO 3598이다: 유리섬유 기본적인 유리섬유 얀(yarn), 직조(textile) 유리섬유에 대한 시방

3.2.1.2 C-유리섬유

(1) C-유리섬유는 화학적 저항이 요구되어지고 섬유 특성이 설계에 적당할 경우에 선택될 수 있다. 대단히 좋은 화학적 저항이 있지만, E-유리섬유에 비교해서 저강도이다. 보통 표면 직물의 형태로 사용된다.

3.2.1.3 ECR-유리섬유

(1) ECR-유리섬유는 E-유리섬유의 대안으로 선택될 수 있다. 화학적 작용에 저항적이 상당히 크고 E-유리섬유와 유사한 특성을 가진다.

3.2.2 로빙(Rovings)

(1) 로빙은 인발과 필라민트 와인딩(filament winding)과 같은 자동화된 복합신소재 적용과정에서 직접적이고 광범위하게 사용되는 연속 스트랜드(strand)이다. 로빙의 사용은 인장방향으로 적용될 수 있는 과정에 제한된다. 섬유 강도 특성은 로빙에서 가장 크나, 제직보강으로서 사용될 때 감소할 수 있다.

(2) 관련규격은 KS L 2513, ISO 2797이다: 폴리에스테르(polyester)와 에폭시(epoxide) 수지계의 보강을 위한 유리섬유 로빙

3.2.3 매트(Mats)

3.2.3.1 Chopped strand mat (CSM)

(1) CSM은 유리섬유 스트랜드(strand)를 짧게 잘라 강도의 방향성이 없고 무방향으로 분산시킨 제직(non-woven)하지 않은 시트형태이다. 섬유부피 비율은 약 25%를 초과하지 않는다.

(2) 구조적 보강효과를 결정하는 유효 섬유비율은 부피의 10%를 초과하지 않으며, 불연속 섬유의 사용은 하중을 전달하는 수지에 따라 결정된다.

(3) CSM으로 제조된 복합신소재는 저응력, 저강성에 한해서 적용된다.

(4) CSM에 적용된 바인더의 특성은 물에 노출된 곳에서 재료의 완전함을 결정하고, 삼투성과 물집을 피하기 위해서 수지와의 적합성을 보증하도록 바인더 재료를 선택해야 한다.

(5) 관련규격은 KS L 2513, ISO 2559이다; 폴리에스테르 수지의 보강에 대한 E-유리섬유 CSM

3.2.3.2 Continuous filament mat (CFM)

(1) CFM은 CSM의 대안으로 사용될 수 있다. 특성과 가능한 적용은 CSM과 유사하다. CFM은 섬유가 임의의 소용돌이 모양이고 연속이라는 점을 제외하고는 CSM과 유사한 제직하지 않은 재료이다. 사용자는 공급자와 같이 적용하는 수지에 대한 바인더의 적합성을 검토해야 한다.

3.2.4 제직로빙(Woven roving)

(1) 제직로빙은 꼬이지 않은 유리섬유 로빙으로 경사, 위사로 양쪽 방향으로 제직된 섬유이다. 제직로빙은 큰 면적의 복합신소재를 만드는데 쉽다. 제직로빙은 임의의 단일섬유보다 고강도, 고강성 복합신소재를 만들지만, 고중량 섬유에서 드레이프성을 고려하여 섬유 부피를 40% 이하로 제한한다. 그래서 제직로빙 유효 섬유부피는 폭 방향과 직물방향 각각 20%이다.

(2) 제직로빙은 연속섬유의 장점과 정렬된 양방향 보강특성이 하중에 대해서 적정하게 고려되어야 한다.

(3) 관련규격은 ISO 2113이다; 폴리에스테르 수지의 보강에 대한 E-유리섬유의 제직로빙 유리섬유 직조물

3.2.5 직조물(Fabric)

(1) 유리섬유 직조물은 직조형태에 따른 평직(plain), 능직(twill), 주자직(satin)과 같은 다양한 직조의 형태를 형성하기 위해 직조시 경사와 위사, 필라멘트로 만들어진다. 직조물은 보통 제직로빙보다 더 가볍고, 주름이 덜하고, 섬유부피를 50%이상 할 수 있다.

(2) 직조물은 직조형태나 드레이프성이 복합신소재의 성능이나 제조에 이점을 주는 경우에 고려되어야 한다.

(3) 관련규격은 ISO2113이다; 복합신소재 보강용 유리섬유 직조물

3.2.6 NCF(Non-crimp fabrics)

(1) NCF는 크리프 거동에 유리하다.

(2) NCF는 높은 재료 물성을 요구될 때 고려되어야 한다.

3.2.7 프리프레그(수지침투 가공재)

(1) 프리프레그(prepregs)는 완전히 경화되지 않는 수지로 함침된 섬유이다. 프리프레그로 부터 복합신소재의 제조는 70℃~150℃ 범위의 온도가 요구된다. 섬유부피는 50%가 적당하다.

(2) 프리프레그는 높은 섬유함유량, 저공극 및 고성능이 요구되는 경우에 설계과정에서 고려되어야 한다.

3.3 수지(Resins)

3.3.1 일반사항

(1) 복합신소재구조물로서의 폴리머 수지의 선택은 많은 인자에 의해서 결정되어지고, 재료공급자와 제조자의 전적인 자문이 없이는 이루어지지 말아야 한다. 요구되는 특성은 보통 강도, 강성, 인성 그리고 내구성이다. 사용온도와 환경, 제조방법, 양생조건과 특성수준을 고려해야 한다. 안정된 수지를 선택하기 위해서는 복합신소재 구조물의 사용온도를 알아야 한다. 왜냐하면 사용온도가 수지의 유리전이온도(T_g) 근처에 있다면, 강성이 감소되고 크리프가 발생하기 때문이다. 또한 수지는 열뒤틀림온도(HDT)와 관련되어 있다.

(2) 복합신소재의 성능은 수지 특성값과 제조된 섬유 품질의 함수이다. 저공극 복합신소재를 얻기 위한 완전한 주입과 섬유함침을 보증하기 위해 저점성 수지가 사용되어야 한다.

(3) 양생과정의 조절과 수지의 완전한 경화를 얻기 위해서는 최적의 역학적 특성을 얻고, 열이완을 방지하고, 크리프를 제한하고, 습기 확산을 감소하고, 소성효과를 최소화하는 것이 필수적이다. 완전한 경화는 복합신소재를 형성하기에 앞서 구성요소를 철저하고 정확하게 혼합함으로서 이루어져야 한다.

(4) 사용자는 각 단계에 적용할 수 있는 최대 두께와 적층판이 경화되는 최대 가사시간을 재료공급자의 확인을 받아야 한다. 이것은 적층판의 높은 접착을 보증할 수 있다.

3.3.2 폴리에스테르

(1) 오소타입(orthophthalic) 수지는 저렴한 폴리에스테르 계열 수지이며, 가장 광범위하게 사용된다. 오소타입 수지는 우수한 기계적 특성, 적당한 사용온도 저항능력과 화학적 저항의 특성을 가지고 있다.

(2) 이소타입(isophthalic) 수지는 물에 저항, 화학적 저항 또는 열에 저항이 요구될 때 고려되어야 한다. 큰 신장률과 더불어 우수한 기계적 특성이 있지만, 오소타입 수지보다 비싸다.

(3) Bisphenol-A(BPA) 폴리에스테르 수지는 가장 내구성 있는 폴리에스테르 복합신소재가 필요할 때 고려되어야 한다. 프탈산 또는 산무수물은 부분적 혹은 전체적으로 비스페놀로 대체할 수 있다. 고성능 적용성을 가지고 있다.

(4) HET acid와 maleic anhydride로 만들어진 염화 폴리에스테르 수지가 고려될 수 있다. 염소기가 있기 때문에 불에 대한 저항능력 높다. 강도와 인성 특성은 IPA(이소타입 수지)보다 낮다.

(5) 표 3.2에 전형적인 폴리에스테르 수지의 특성 범위가 나타나 있다.

표 3.2 폴리에스테르 수지의 일반 물성범위

	물성	오소타입 폴리에스테르 G 105E	고등급 오소타입 폴리에스테르 G300	내화학성 이소타입 폴리에스테르 K 530	증감온도 이소타입 폴리에스테르 S 599	화재지연 기반(I) 폴리에스테르 F 892	화재지연 기반(II) 폴리에스테르 F 820	시험방법
물리적 성질	밀도 (g/cm^3)	1.1	1.1	1.1	1.1	1.3	1.3	
	흡수율 (24h)	19	24	18	28	-	23	ISO 62
	열전이온도 (HDT) ℃	66	95	93	125	62	60	ISO 75 Method A
	점성*(23℃) Ns/mm^2	180	250	800	1100	500	400	Brookfield
기계적 성질	인장강도 N/mm^2	55	70	65	55	50	45	ISO 527
	인장탄성계수 kN/mm^2	3.6	3.3	4.1	3.7	3.4	3.6	ISO 527
	휨강도 N/mm^2	90	110	125	100	75	80	ISO 178
	휨탄성계수 kN/mm^2	4.1	3.8	3.7	3.7	3.2	3.8	ISO 178
	신장률 %	2.0	3.5	2.5	1.5	1.7	1.4	ISO 527

주의: 상대적 수지 등급이 직접적으로 복합신소재 물성에 반드시 전달되지 않음

* : 액상 수지

3.3.3 비닐 에스터

(1) 비닐 에스터 수지는 폴리에스테르나 우레탄 수지의 성분으로 만들어 질 수 있다. 에폭시 수지로 만들어진 수지는 특히 상업적으로 중요하다.

(2) BPA 에폭시로 만들어진 비닐 에스터 수지는 화학 저항 복합신소재구조와, 필라멘트와인딩, 인발성형에 적당하다. 파괴시 신장률은 약 6%이다.

(3) phenolic novolac 에폭시로 만들어진 비닐 에스터 수지는 용해력 저항에 적당하고 높은 사용온도에서 사용하기에도 적당하지만 약 3%의 낮은 파괴 신장률을 가진다.

(4) 비닐 에스터 수지는 이소타입 폴리에스테르 보다 고성능에 적합하다. 그 이유는 물과 화학작용에 대한 우수한 저항능력이 있고, 강도와 강성이 좋으며, 인성이 크다. 파괴 변형률은 표준 오소타입과 이소타입 폴리에스테르의 2배이다.

(5) 표 3.3에 비닐에스테르 수지의 전형적인 특성이 나타나 있다.

표 3.3 비닐 에스터 일반물성

구분	Bisphenol-A 비닐 에스터	Novolac 비닐 에스터
비중	1.12	1.16
인장강도(N/mm^2)	82	68
인장탄성계수(kN/mm^2)	3.5	3.5
파괴 신장률(%)	6	3~4
휨강도(N/mm^2)	131	125
HDT(℃)	102	150

3.3.4 Modified acrylic resins (Modar)

(1) Modar 열경화성 수지는 우레탄 prepolymer를 함유한다. 비록 폴리에스테르와 유사하게 경화되지만, 초기 점성은 훨씬 낮고 경화반응은 더 빠르다. Modar는 인발과 RTM(resin transfer moulding)을 포함하는 빠른 제조방법에 적당하다. 낮은 점성은 고농도의 화재지연재 알루미나 수화물 적용이 가능하다.

(2) 아크릴 수지는 고려될 수 있으나, 사용에 대한 경험이 부족하다. 사용자는 재료 공급자에게 자문을 구해야 한다.

3.3.5 페놀

(1) 페놀수지는 열에 대한 성능이 강조되고, 독성의 저방출 그리고 화재 조건하에서 물성의 유지 등이 요구될 때 고려되어야 한다. 페놀수지로 만들어진 복합신소재의 두드러진 특성은 저인화성, 저인화속도 그리고 연기가 적다는 것이다. 비록 실내온도에서 경화가 가능하지만, 80℃ 이상에서 안정한 복합신소재를 얻는 것이 필요하다.

(2) resole 페놀의 기계적 특성은 오소타입 폴리에스테르와 비슷하다. 표 3.4에 전형적인 값이 주어져 있다. 그러나 고열 뒤틀림 온도와 화재 대한 저항은 우수하다. 폴리에스테르와 비교해 볼 때 저수축이 특징이다.

(3) 미세한 공극은 복합신소재의 특성에 영향을 미치지 못한다. 물이 많으면 열에 노출될 때 구조물이 박리할 수 있다.

표 3.4 페놀수지의 일반물성

구분	Resole - acid cured
비중	1.24
인장강도 N/mm^2	24~40
인장탄성계수 kN/mm^2	1.5~2.5
파괴 신장률 %	1.8
휨강도 N/mm^2	60~80
열뒤틀림온도 ℃	250

3.3.6 에폭시

(1) 에폭시는 다른 폴리에스테르와 비교해 볼 때 기계적 성질과 물에 대한 저항성이 우수하고, 경화하는 동안 수축이 덜 되지만, 가격이 비싸다. 일반적으로 제조방법은 자동화된 방법으로 인발, 필라멘트와인딩, RTM 그리고 CMP(compression moulding processes)이 있다.

(2) 에폭시는 내구성과 기계적 성질이 좋고, 전단강도가 크게 요구되는 경우에 사용된다.

(3) 제조방법과 요소의 크기가 높은 온도 경화를 허용할 때만 고려되어야 한다. 60℃~150℃ 범위에서 양생되어야 비로소 최적화된 특성이 나타난다.

(4) 어떤 에폭시는 자외선에 대한 낮은 저항성을 가지며 특별하게 표면보호가 필요할 수도 있다.

(5) 표 3.5에 전형적인 에폭시 수지의 특성이 주어져 있다.

표 3.5 에폭시 수지의 일반물성

구분	DGEBA-APTA amine cured 20℃ Cure	DGEBA-MDA amine cured 120℃	DGEBF-rubber modified epoxy MDA/MPDA 120℃
비중	1.2	1.2	1.2
인장강도 N/mm^2	62	90	125
인장탄성계수 kN/mm^2	3.2	3.0	4.1
파괴 신장률 %	2	8	5
휨강도 N/mm^2	61	52	84
열뒤틀림온도 ℃	62	121	110

주의: 상대적 수지 등급이 직접적으로 복합신소재 물성에 반드시 전달되지 않음

3.4 심재(Cores)

3.4.1 일반사항

(1) 심재는 효율적인 복합신소재 샌드위치 설계에 사용된다. 폼, 허니콤 혹은 고체재료일 수 있다.

(2) 구조적 심재재료에서 요구되는 특성은 저밀도, 고 전단계수와 고 전단강도, 두께방향의 우수한 강도, 온도의 안정, 피로저항, 충격강도 저항, 습기에 대한 저항, 우수한 표면 접착성 등이다.

(3) 사용자는 재료공급자와 제조자에 자문을 요청하여 심재 특성에 대한 정보를 설계지침서에서 찾아 확인하여야 한다.

3.4.2 폼(Foam)

3.4.2.1 개요

(1) 폼은 많은 플라스틱으로 만들어진 개방형 및 폐쇄형 셀로 구성되고, 샌드위치 패널 제조에서 사용될 수 있다. 일반적으로 사용되는 심재 재료는 폴리우레탄, 고체비닐 그리고 아크릴을 포함한다.

(2) 밀도는 5 kg/m^3부터 고체플라스틱 밀도까지의 범위이다. 기계적 특성은 밀도에 따라 변하며, 비선형이다.

3.4.2.2 강화 폼

(1) 플라스틱 폼은 유리섬유나 다른 섬유로 보강될 수 있다. 기계적, 물리적 특성의 향상은 섬유형태, 섬유의 함유량, 섬유 분포에 달려있다.

3.4.2.3 구조 폼

(1) 구조 폼은 단단한 표면재와 함께 만들어 질 수 있다. 본래 샌드위치 구조는 더 효율적인 구조적 특성을 발현된다. 복합신소재 면재로 마감처리 될 수 있다.

3.4.2.4 기타

(1) Glass bubble 강화플라스틱은 다른 폼보다 적절하고 더 높은 압축강도를 갖는다.

(2) 일반적인 고체 폼은 몰드로 형상을 만들 수 있다.

3.4.3 허니컴(Honeycombs)

3.4.3.1 개요

(1) 허니컴 심재는 경량의 효율적인 구조가 요구되는 경우 사용되어야 한다. 허니컴의 다양한 등급과 형태가 유용하나, 사용자는 공급자에 자문을 요청해야 한다.

3.4.3.2 알루미늄

(1) 알루미늄 허니컴이 전기적인 전도성 복합신소재와 같이 사용된다면, 알루미늄 부식이 진행되기 때문에 유리섬유 층간재를 적용하여 심재와 전기가 통하지 않는다는 것을 검증하여야 한다.

(2) 가장 일반적으로 사용된 등급은 부식방지 코팅이 사용된 5052 H39 알루미늄 합금이다. 특성은 금속박 두께, 셀의 기하학적 형상과 크기에 의존한다.

(3) 5056 계열 H39알루미늄 합금은 5052 합금 허니컴보다 높은 기계적 특성을 제공한다.

3.4.3.3 아라미드(Aramid)

(1) 액체 페놀, 폴리에스테르 및 폴리아미드 수지에 적신 아라미드 섬유로 구성된 페이퍼 형상의 NOMEX 페이퍼로 만들어진 허니컴이다. 특성은 페이퍼 두께, 허니컴 셀구조 및 크기에 의존한다. 비금속 허니컴 심재로 내부 부식이 없고 충격 복원력이 있는 이점이 있다.

3.4.3.4 기타

(1) 특별하게 적용시킬 목적으로 허니컴을 구성할 때 여러 다른 비금속 재료가 고려될 수 있다. 유리섬유강화폴리머, 아라미드섬유강화폴리머 혹은 Kraft paper 허니컴이 사용되고 있다.

3.4.4 고체

(1) 고체 재료는 심재로서 사용될 수 있으나, 샌드위치에서 저중량 강한 면재 복합 신소재가 사용될 때만 효율적이다. 발사우드는 샌드위치 건설에 광범위하게 사용돼 왔고, 압축 및 전단 하중에 저항하는 이점이 있다.

3.5 겔코트(Gel Coats)

(1) 겔코트와 상층 마감흐름 코트는 내구성을 증가시키는 이점이 있고, 특별한 표면처리를 얻을 필요가 있는 경우에 고려되어야 한다. 이런 코트는 표면재료에 부가적인 두께를 제공하고, 복합신소재 건설 과정의 부분으로서 순차적으로 적용되어야 한다.

(2) 겔코트와 두께의 선택은 주요한 기능에 의해서 결정되며, 재료 공급자와 의논해야 한다. 겔코트와 상층코트의 사용자는 구조적 복합신소재와의 적합성을 보증해야 한다.

(3) 겔코트와 상층코트는 비구조체로로 간주되어야 한다.

(4) 겔코트와 상층코트는 여러 가지 이유로 복합신소재 구조의 표면에 부가될 수 있다. 즉, 자외선 노출을 방지하고, 풍화작용을 향상시키고, 열에 대하여 방어하고, 부식방지를 향상시키고, 화학적 저항능력을 향상시키기 위하여 추가된다.

(5) 표층코트는 겔코트와 상층코트와 비교해서 적용하기가 어렵고, 일정한 표면을 얻기가 더 어렵다. 특성은 표면의 특성에 달려있고, 마지막 코팅두께는 변할 수 있다. 따라서 보호와 기능적 거동은 겔코트와 다를 수 있다. 표층코트는 복합구조의 구조와 함께 적용되어야 한다.

3.6 표면박포(Surface veils)

(1) 표면박포는 외관을 향상시키고 표면층과 코팅의 특성에 이점이 있을 경우 사용된다. 화학적 환경에 저항성이 크게 요구될 때 사용되어야 한다. C-유리섬유가 보통 사용된다.

(2) 표면박포는 접착제로 연결되는 표면에는 사용하지 말아야 한다. 만약 접착제로 연결되는 표면이 있다면 모든 층 두께는 연마기로 제거해야 한다.

(3) 표면박포는 수지 표면층의 두께를 조절하기 위해 사용될 수 있다. 겔코트와 표층코트와 함께 지점을 보강하고 수지를 보존하기 위해서 사용되어야 한다.

3.7 첨가제

3.7.1 충전재(Fillers)

(1) 미립자 충전재는 비구조 요소이고 복합신소재에 제조에 한해서 사용되어야 한다.

(2) 충전재는 수축을 감소시키고, 경화동안 발열정점을 감소시키고 점성을 증가시키고, 국부적인 인성을 증가시키고, 비용을 감소시키기 위해 수지에 부가될 수 있는 무기물 미립자이다. 또한 탄성계수와 압축강도를 증가시킬 수 있고 특수한 특성을 향상시키기 위하여 표면코팅이 포함될 수 있다.

3.7.2 착색재(Pigments)

(1) 색소는 적정한 색깔을 얻기 위해서 기본적인 수지나 겔코트의 부분으로서 사용될 수 있다.

(2) 색소는 자외선을 방지하기 위해서 사용될 수 있다.

04 재료설계

4.1 일반사항

(1) 복합신소재는 섬유와 수지로 구성되어 있어 구조부재 두께를 설계인 단면설계를 하기 전에 구성 재료인 섬유와 수지의 중량, 섬유배열과 관계가 있는 재료설계를 수행하여야 한다. 재료설계는 세 개의 설계단계를 거치는 데 1) 섬유(fiber)설계, 2) 단층(lamina)설계, 3) 적층(laminate)설계이다.

(2) 섬유설계의 물성값은 이 설계지침서 결정방법으로 결정한다.

(3) 단층강성 및 강도는 이 설계지침서 결정방법으로 결정한다.

(4) 적층강성 및 강도는 이 설계지침서 결정방법으로 결정한다.

(5) 적층설계에서 강도한계상태와 사용성 한계상태에서의 조건을 만족해야 한다.

(6) 적층설계의 응력과 변형률의 결정은 합당한 구조해석 방법을 사용하여 구해야 한다.

(7) 적층해석은 한계상태를 고려하여 개개의 단층강성을 사용하여 수행해야 한다.

(8) 적층의 어느 강도도 특별한 한계상태에서 설계강도를 초과하지 않도록 하여야 한다.

4.2 섬유설계(Fiber Design)

4.2.1 두께

섬유설계에 있어서 가장 중요한 요구사항은 섬유와 수지의 중량과 관계가 있다. 선택하는 각 재료인 섬유와 수지의 중량에 대한 두께의 값으로부터 섬유가 수지에 함침시켜 제조되는 단층의 두께를 계산하여야 하며, 다음 표 4.1 기본 데이터를 이용하여 계산할 수 있다.

표 4.1 기본 데이타

구분	밀도(mg/m^3)	두께상수
E-유리섬유	2.56	0.391
S-유리섬유	2.49	0.402
C-유리섬유	2.45	0.408
탄소섬유	1.7	0.588
	2.0	0.500
폴리에스테르 수지	1.1	0.909
	1.2	0.833
	1.3	0.769
	1.4	0.714
에폭시 수지	1.1	0.909
	1.3	0.769

상기 표 4.1에서 두께 상수는 다음 식으로 구할 수 있으며, 이 두께 상수를 이용하여 두께를 계산할 수 있다.

$$\text{두께상수} = \frac{1}{\text{밀도}(\text{mg/m}^3)} \tag{4.1}$$

$$\text{두께}(\text{mm}) = \text{재료중량}(\text{kg/m}^2) \times \text{두께상수} \tag{4.2}$$

식 (4.1), (4.2)를 이용하여 두께를 그림 4.1과 같이 나타낼 수 있다.

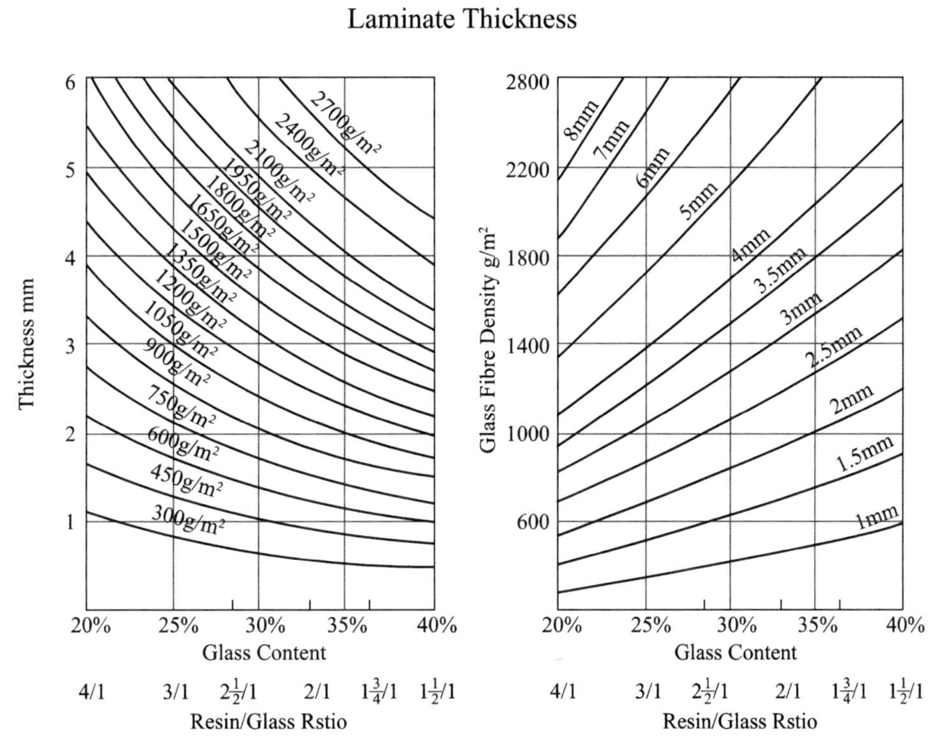

그림 4.1 수지/섬유 비에 따른 단층의 두께

4.2.2 부피비 및 중량비

복합신소재의 계산은 대부분 부피비에 기초하여 수행되지만 제조에서는 중량비로 간단히 작업되는 것이 일반적이다. 다음 (4.3), (4.4)식을 이용하여 복합신소재의 부피비 및 중량비로 간단히 변환시켜 나타낼 수 있다.

$$V_1 = \frac{\dfrac{W_1}{\Delta_1}}{\dfrac{W_1}{\Delta_1} + \dfrac{W_2}{\Delta_2} + \dfrac{W_3}{\Delta_3} + etc.} \tag{4.3}$$

$$W_1 = \frac{\Delta_1 V_1}{\Delta_1 V_1 + \Delta_2 V_2 + \Delta_3 V_3 + etc.} \tag{4.4}$$

여기서, V= 구성재료의 부피 비

W= 구성재료의 중량비

Δ= 구성재료의 밀도

상기 식 (4.3), (4.4)를 이용하여 여러 복합신소재에 대한 부피비 및 중량비에 대한 변환 값을 그림 4.2와 같이 나타낼 수 있다.

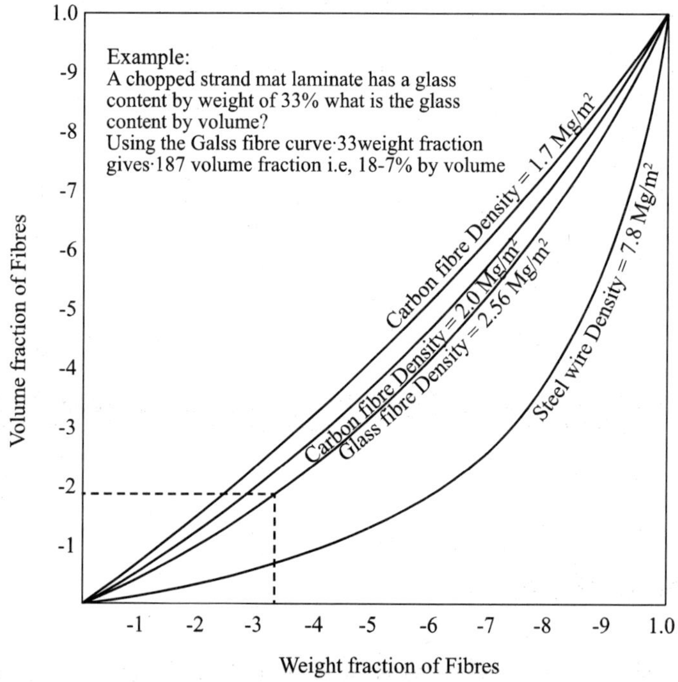

그림 4.2 섬유의 중량비 대 섬유부피비

4.2.3 밀도

복합신소재의 밀도는 혼합법(rules of mixture)인 다음 식 (4.5) 또는 (4.6)를 적용하여 구성재료의 부피비를 이용하여 정확히 계산할 수 있다.

$$\Delta_k = \Delta_f V_f + \Delta_m V_m \tag{4.5}$$

$$\Delta_k = \Delta_f V_f + \Delta_m (1 - V_f) \qquad (4.6)$$

여기서, Δ_f= 섬유의 밀도

V_f= 섬유의 부피 비

Δ_m= 수지의 밀도

V_m= 수지의 부피비

또한, 복합신소재의 밀도는 일반적으로 다음 식 (4.7)를 이용하여 구성재료의 중량비로 계산할 수 있다.

$$\Delta_k = \frac{1}{\frac{W_1}{\Delta_1} + \frac{W_2}{\Delta_2} + \frac{W_3}{\Delta_3} + etc.} \qquad (4.7)$$

섬유부피비에 대한 단층 밀도를 그림 4.3과 같이 나타낼 수 있다.

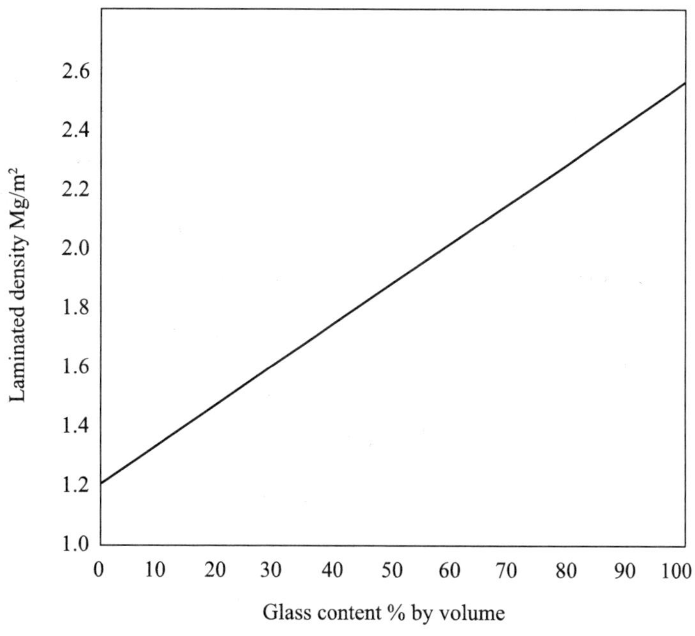

그림 4.3 섬유부피비에 따른 단층 밀도

4.3 단층설계(Lamina Design)

4.3.1 개요

(1) 현재 국내에서 생산되어지는 섬유를 이용한 단층의 형태는 표 4.2와 같이 나타내고 있다. 단층제조를 위한 섬유의 직조형태는 표 4.2에서 알 수 있듯이 섬유배열이 단층의 작용하중과 같은 방향인 경우 0°, 섬유배열이 단층의 작용하중과 직각방향인 경우 90° 그리고 섬유배열이 단층의 작용하중과 사선방향인 경우 ±45°로 일반적으로 섬유배열 각도를 나타낼 수 있다.

(2) 복합신소재의 역학적 성질은 섬유의 분포나 배열에 따라 크게 좌우된다. 역학적 성질을 추정하는 방법에는 재료역학적인 방법인 혼합법(rules of mixture)과 변분의 원리를 이용한 방법 등이 있으나, 이 설계지침에서는 섬유와 수지의 함량에 따라 계산되는 혼합법을 이용하여 단층의 역학적 성질을 구할 수 있다.

표 4.2 섬유의 직조형태

	Layer Construction	
Uniaxial	L series 0°	T series 90°
Biaxial & Double Bias	LT series 0° 90°	DS series +45° −45° DS series
Triaxial	DBT series 0° +45° −45°	DBT series +45° 90° −45°
Quadriaxial	DBLT series 0° +45° 90° −45°	

4.3.2 단층 강성

(1) 복합신소재 구성재료인 섬유와 수지의 부피비율은 재료역학적인 방법인 혼합법을 이용하여 다음과 같이 식 (4.8)으로 나타낼 수 있다.

$$V_f = \frac{\frac{w_f}{\rho_f}}{\left\{\frac{w_f}{\rho_f} + \frac{w_m}{\rho_m}\right\}} \tag{4.8}$$

$$V_m = 1 - V_f \tag{4.9}$$

여기서, w_f, w_m : 섬유와 수지의 중량비

ρ_f, ρ_m : 섬유와 수지의 비중

V_f, V_m : 섬유와 수지의 부피

(2) 재료역학적인 방법인 혼합법을 이용하여 계산되는 단층의 역학적 성질은 다음 식 (4.10)로 구할 수 있다.

$$E_1 = E_f V_f + E_m V_m \tag{4.10a}$$

$$E_2 = \frac{1}{\left\{\frac{V_f}{E_f} + \frac{V_m}{E_m}\right\}} \tag{4.10b}$$

$$G_{12} = \frac{1}{\left\{\frac{V_f}{G_f} + \frac{V_m}{G_m}\right\}} \tag{4.10c}$$

$$v_{12} = v_f V_f + v_m V_m \tag{4.10d}$$

여기서, E_f, E_m : 각 섬유와 수지의 탄성계수

E_1, E_2 : 섬유방향인 0° 및 섬유직각방향 90°의 각각 단층의 탄성계수를

G_{12}, v_{12} : 층의 면내 전단탄성계수 및 프와송비

상기 식 (4.10)을 통하여 계산된 단층의 역학적 성질값을 이용하여 복합신소재 구조부재의 소요두께에 도달되도록 적층설계를 하여야 한다.

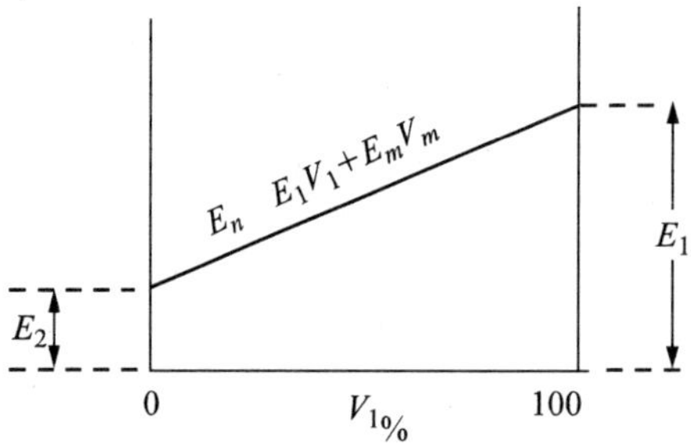

그림 4.4 섬유 부피비에 따른 단층 기계적 성질값

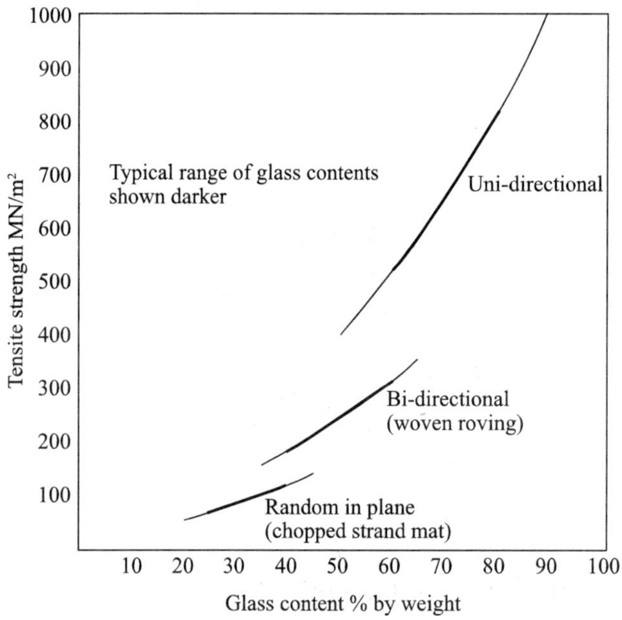

그림 4.5 섬유 중량비에 대한 인장강도

섬유 부피비에 따른 단층의 기계적 성질값, 섬유 중량비에 대한 인장강도의 값 및 섬유함유량에 대한 인장탄성계수값을 그림 4.4, 4.5, 4.6에 나타내었다.

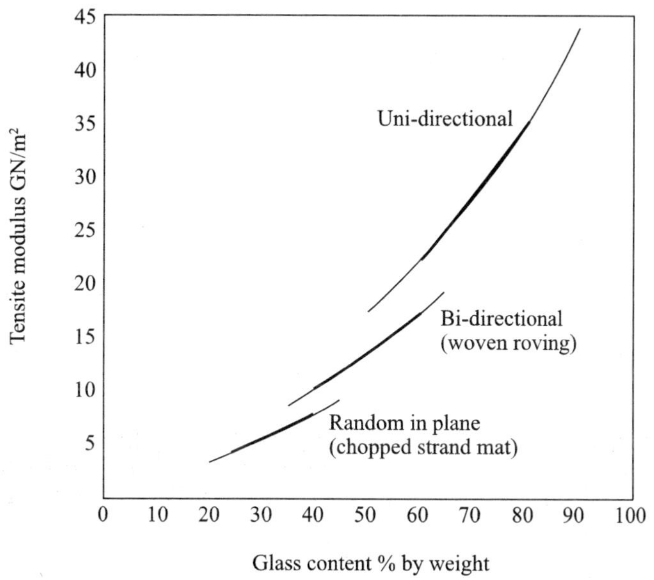

그림 4.6 섬유함유량 대비 인장탄성계수

4.3.3 일방향 섬유보강

(1) 일방향 연속섬유 보강 단층은 다음과 같이 정의한다.

- 섬유방향으로 더 높은 강성과 강도를 가진다.
- 횡방향으로 수지 특성에 우세한 강도와 강성을 가진다.
- 직교이방성으로 이상화한다.

(2) 단층의 물성값은 실험이나 제조시의 데이터로부터 결정되어진다.

(3) 실험이나 제조시 데이터가 없을 경우에는 단층의 물성값은 구성재료의 특성과 Halpin-Tsai방법을 사용하여 계산한다.

(4) Halpin-Tsai 방법은 섬유와 기지의 특성으로 복합신소재의 유효특성을 결정한다.

$$P = \frac{P_m\left[P_f + \xi P_m + \xi_{v_f}(P_f - P_m)\right]}{\left[P_f + \xi P_m - v_f(P_f - P_m)\right]} \quad (4.11)$$

여기서, P = 복합신소재의 유효특성 (E_1, E_2, G_{12}, G_{23})

P_f = 섬유의 특성

P_m = 기지의 특성

ξ = 복합신소재의 보강효과 계수

다양한 방향의 특성에 대한 ξ 의 값은 표 4.3에 주어져 있다. 특별한 경우는 ξ 가 제한된 값을 가질 때를 말한다.

표 4.3 Halpin-Tsai 방정식에 적용될 보강효과 계수 값(ξ)

재료성질	Halpin-Tsai 방정식에 적용될 보강효과 계수 값(ξ)
E_1	∞
v_{12}	∞
E_2, V_f < 0.65	2.0
E_2, V_f ≥ 0.65	$2.0 + 40V_f^{10}$
G_{12}, V_f < 0.65	1.0
G_{12}, V_f ≥ 0.65	$1.0 + 40V_f^{10}$
G_{23}	$(4 - 3v_m)^{-1}$

그림 4.7부터 4.13까지는 Halpin-Tsai 방정식으로부터 나온 설계차트가 제시되어 있다. 전형적인 E-유리섬유/폴리에스테르 복합신소재 대해서, 표 4.4에 주어진 복합신소재의 구성재료 물성을 사용한다. 그래프로 나타내기 위해 섬유와 수지를 등방성으로 가정한다.

표 4.4 그림 4.7-4.13 표시를 위하여 적용된 구성재료 물성			
항목	단위	섬유	수지
밀도	kN/mm^3	25.5	12.3
탄성계수	kN/mm^2	72.4	3.7
포아송 비	-	0.32	0.42
전단탄성계수	kN/mm^2	27.4	1.3
열팽창계수	10^{-6}/℃	2.8	100

(5) 단층의 강성을 계산하는 방법 중 단순혼합법칙은 이 설계지침서에 주어져 있어, 이러한 방법을 사용하여 사전 이론 물성값을 계산할 수 있다.

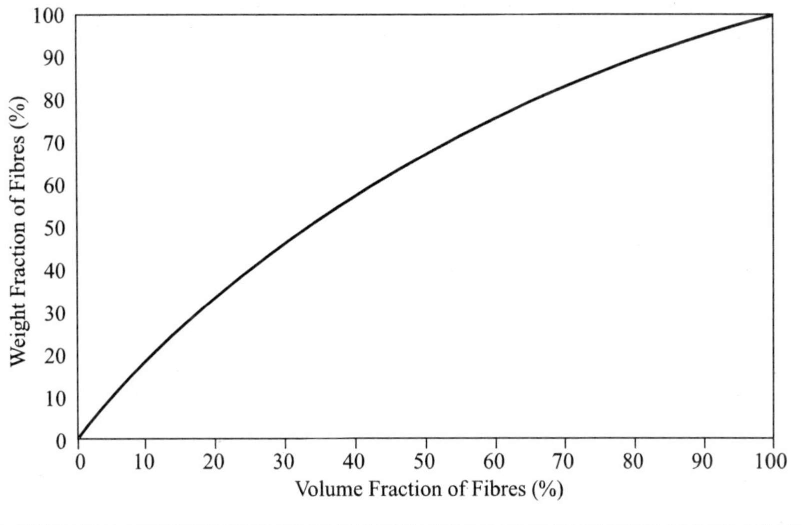

그림 4.7 일축방향을 갖는 복합적층의 설계: Halpin-Tsai rule of mixtures. 무게와 부피의 관계

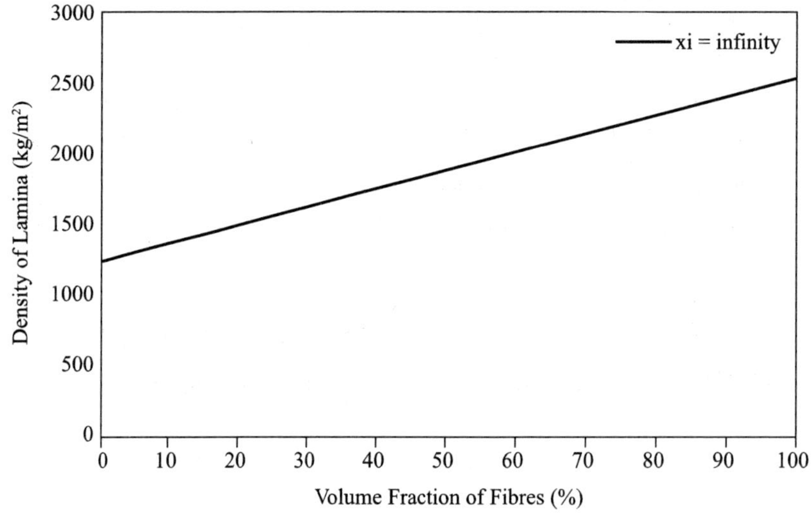

그림 4.8 일축방향을 갖는 복합적층의 설계: Halpin-Tsai rule of mixtures. 밀도와 부피의 관계

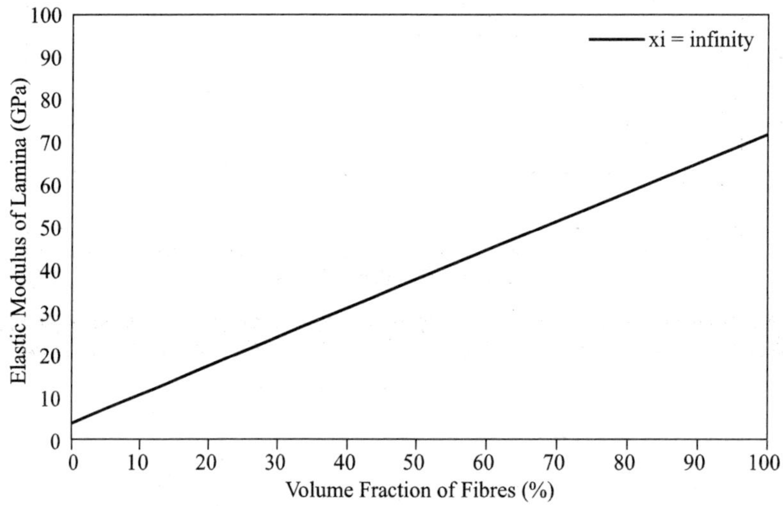

그림 4.9 일축방향을 갖는 복합적층의 설계: Halpin-Tsai rule of mixtures. 탄성계수와 부피의 관계

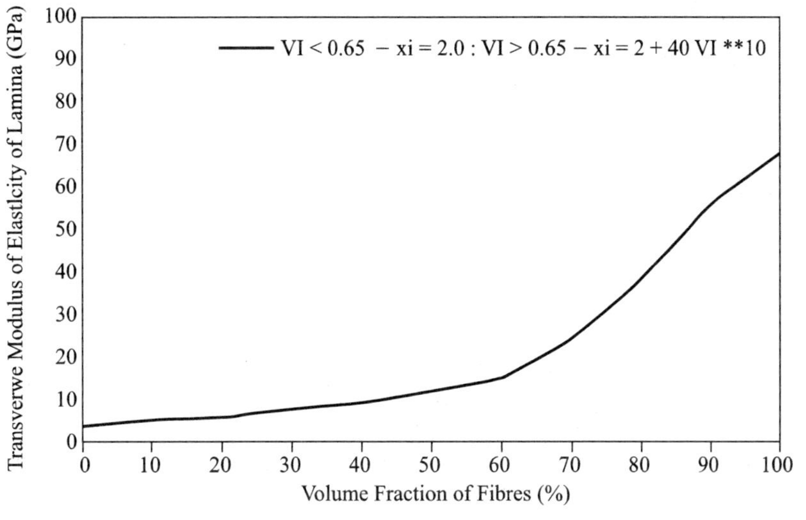

그림 4.10 일축방향을 갖는 복합적층의 설계: Halpin–Tsai rule of mixtures. 횡방향계수와 부피의 관계

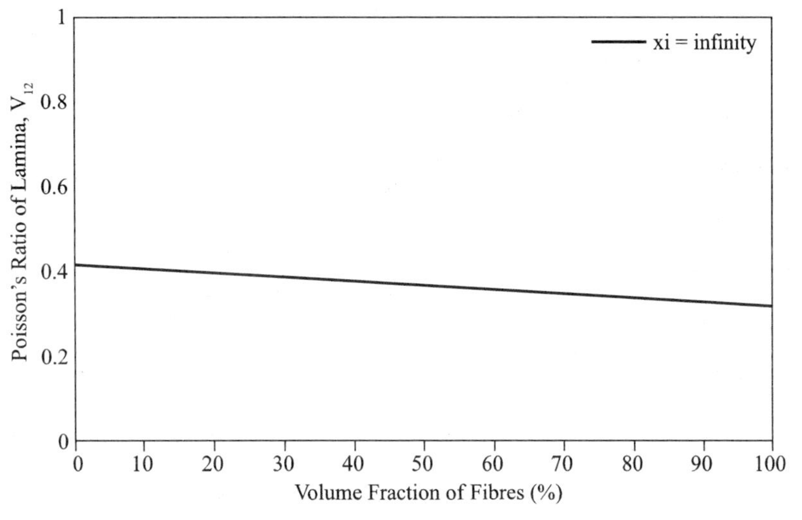

그림 4.11 일축방향을 갖는 복합적층의 설계: Halpin–Tsai rule of mixtures. 프아송비와 부피의 관계

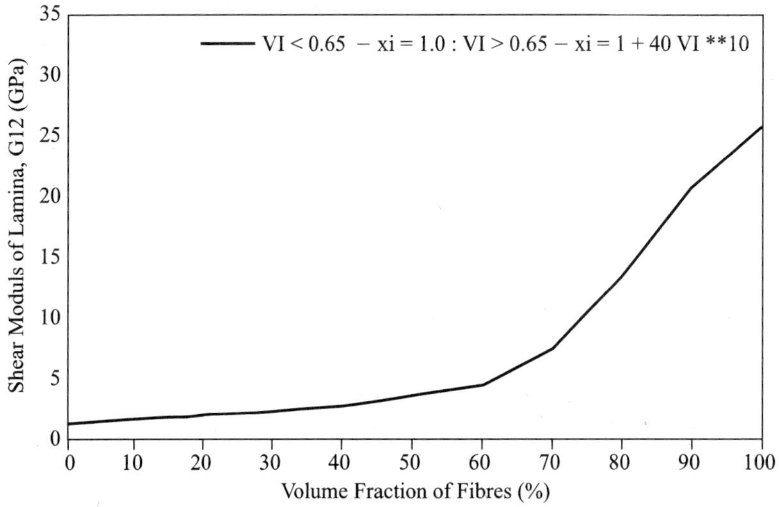

그림 4.12 일축방향을 갖는 복합적층의 설계: Halpin-Tsai rule of mixtures. 전단탄성계수와 부피의 관계

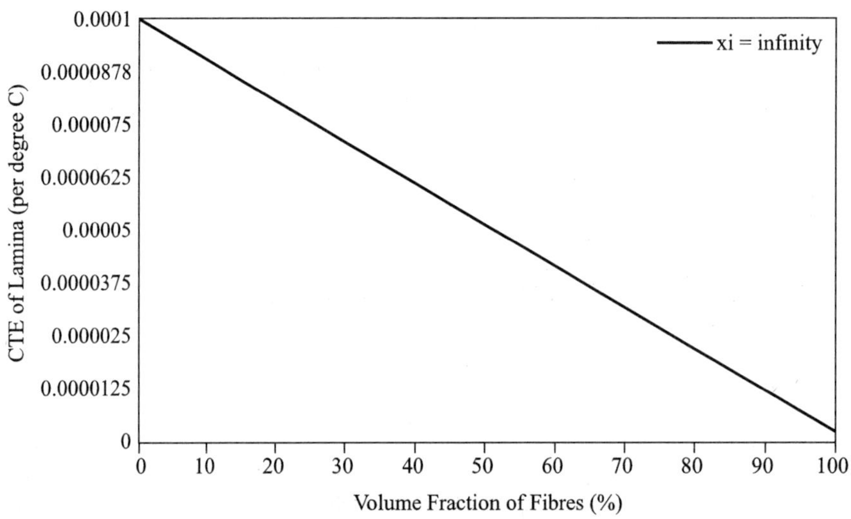

그림 4.13 일축방향을 갖는 복합적층의 설계: Halpin-Tsai 혼합법. 열팽창계수와 부피의 관계

4.3.4 직조섬유 보강

(1) 직조섬유 보강 단층의 탄성계수는 실험 또는 제조의 데이터로부터 결정되어야 한다.

(2) 실험 결과 값이나 제조시 데이터가 없을시, 직조로빙에 대한 대표 특성값은 표 4.5에 주어진 선형방정식을 사용하여 구할 수 있다. 방정식은 40－55% 범위의 무게를 가진 유리섬유복합신소재에서 유효하다.

(3) 직조로빙의 단층 탄성계수는 섬유와 수지의 흩어짐으로 인해 상당히 변할 수 있음을 고려하여야 한다.

(4) CSM 단층의 탄성계수는 섬유와 기지특성의 흩어짐으로 인해 상당히 변할 수 있음을 고려하여야 한다.

(5) 실험 결과치나 가공시 데이터가 없을시, CSM의 대표 특성은 표 4.6에 주어진 선형 방정식을 이용하여 계산할 수 있다. 방정식은 40－55% 범위의 무게를 가진 유리섬유 복합신소재에서 유효하다.

(6) CSM은 설계상에서 등방성으로 간주한다.

표 4.5 E-유리섬유 직조로빙(WR)/폴리에스테르 물성(수적층 방법, 섬유함유량 범위; 40–55%)

물성	섬유중량비(w_f)
인장 탄성계수, E_t (kN/mm^2)	
하한값	$30w_f - 4$
상한값	$30w_f - 2$
휨 탄성계수, E_f (kN/mm^2)	$w_f + 13$
면내전단 탄성계수, G_{12} (kN/mm^2)	3.6
포아송 비, ν_{12}	
압축	0.25
인장	0.13

예제 : 50% 무게에 대해서, $E_{t(lower)} = 30 \times 50/(100) - 4 = 11\ \mathrm{kN/mm^2}$

표 4.6 E-유리섬유 CSM/폴리에스테르 물성(수적층 방법, 섬유함유량범위; 20-30%)	
물성	섬유중량비(w_f)
인장 탄성계수, E_t (kN/mm^2)	
하한값	$21w_f + 1$
상한값	$21w_f + 3$
휨 탄성계수, E_f (kN/mm^2)	$11w_f + 3$
면내전단 탄성계수, G_{12} (kN/mm^2)	2.76
포아송 비, ν_{12}	
압축	0.42
인장	0.32

예제 : 25% 무게에 대해서, $E_{t(lower)} = 21 \times 25/(100) + 1 = 6.25\,\mathrm{kN/mm^2}$

4.3.5 단층 강도

4.3.5.1 일방향 섬유

(1) Hart-Smith 파괴 기준이 설계에서 사용되어야 한다. 설계강도는 실험값이나 가공 데이터로부터 결정되어지며, 적절한 부분안전계수로 나눈다.

(2) 실험값이나 제조사의 데이터가 없을시, Tsai-Wu 파괴기준을 사용한다.

(a) Hart-Smith 변형률 파괴기준

(1) 단층에 대한 Hart-Smith 파괴포락선이 나타내야 한다.
(2) 각각의 파괴 변형률은 시험 값이나 제조사의 데이터로부터 얻어진다.
(3) 단층은 파괴 포락선 바깥쪽에 위치한 임의의 변형률 조합에 대해 파괴된다고 여긴다.

(b) Tsai-Wu 파괴 기준

(1) Tsai-Wu 파괴 기준은 실험값 또는 가공시 데이터가 없을시 설계에 사용해야 한다. 적절한 부분 안전계수로 나누어야 하는 설계 강도는 섬유나 수지의 특정강도를 이용하여 추정해야 할 것이다. 각각의 단층의 강도는 다음 주어진 방법으로 계산되어진다.

- 길이방향 인장강도 : $\sigma_{1t}\, V_f = \sigma_{ft} + \varepsilon_{ft}\, E_m\,(1 - V_f)$ (4.12)
- 길이방향 압축강도 : $\sigma_{1c} = \sigma_{1t}$
- 횡 인장과 압축강도 : σ_{2t} , $\sigma_{2c} = \sigma_m$
- 전단강도 : $\sigma_{12} = \sigma_{12m}$

아래첨자 'f'와 'm'는 각각 섬유와 수지를 나타내며, σ_{ft}는 섬유의 인장강도를 나타낸다. σ_{1t} , σ_{1c} , σ_{2t} , σ_{2c} 그리고 σ_{12}의 특정 단층 강도는 천연신소재의 데이터로 부터 계산되어지며, 단층의 가능한 파괴에 대한 점검을 위해 식 (4.13)과 함께 사용되어 진다.

(2) 식 (4.13)의 부등식이 더 이상 만족하지 못할 시는 단층이 파괴된 것이라 간주한다.

$$\left(\frac{1}{\sigma_{1t}} + \frac{1}{\sigma_{1c}}\right)\sigma_1 + \left(\frac{1}{\sigma_{2t}} + \frac{1}{\sigma_{2c}}\right)\sigma_2 - \left(\frac{1}{\sigma_{1t}\,\sigma_{1c}}\right)\sigma_1^2 - \left(\frac{1}{\sigma_{2t}\,\sigma_{2c}}\right)\sigma_2^2 \quad (4.13)$$

$$+ \left(\frac{1}{\sigma_{12s}^2}\right)\sigma_{12}^2 - \left(\frac{0.5}{\sqrt{\sigma_{1t}\,\sigma_{1c}\,\sigma_{2t}\,\sigma_{2c}}}\right)\sigma_1\,\sigma_2 \;\leqq\; 1.0$$

여기서 σ_1와 σ_2는 각각 섬유방향에 평행하고 직각방향의 응력이다. σ_{12}는 평면내 전단응력이다.

4.3.5.2 직조섬유 보강

(1) 보강강도는 실험값이 가공시 데이터로부터 결정되어진다.

(2) 실험치가 없을시, 표 4.7의 선형방정식은 일반적인 E-유리섬유 우븐로빙/폴리에스테르의 강도를 추정하기 위해 사용될 것이다. 방정식은 섬유함유량 40–55% 범위 내에서 무게에 대한 유리섬유 내용물의 비가 있을시 유효하다.

(3) 실험 결과값이나 가공시 데이터가 없을시, 표 4.7의 선형방정식은 일반적인 E-유리섬유 CSM/폴리에스테르의 강도를 추정시 사용될 것이다. 방정식은 20–30% 범위 내에서 무게에 대한 유리섬유부피 비가 있을시 유효하다.

(4) 강도는 적절한 부분안전계수에 나누어진다.

표 4.7 E–유리섬유 CSM/폴리에스테르 물성(수적층 방법, 섬유함유량범위; 20–30%)

강도 물성	섬유중량비(w_f)
인장, σ_{1t} ,σ_{2t} (N/mm^2)	
하한값	$784\ w_f - 212$
상한값	$893\ w_f - 192$
압축, σ_{1c} , σ_{2c} (N/mm^2)	
하한값	$182\ w_f + 66$
상한값	$190\ w_f + 109$
휨, σ_{1f} , σ_{2f} (N/mm^2)	
하한값	$533\ w_f - 16$
상한값	$604\ w_f - 17$
면내전단, σ_{12} (N/mm^2)	$320\ w_f - 66$
층간전단, σ_{INT} (N/mm^2)	$113\ w_f - 40$

예제 : 55% 무게량에 대해서, $\sigma_{t(upper)} = 893 \times 55 \,/\, (100) - 192 = 299\ \mathrm{N/mm^2}$

4.4 적층설계(Laminate Design)

4.4.1 개요

적층설계는 복합신소재 구조부재의 두께에 맞추어 각 단층별로 직조섬유 방향의 다양한 각도배열을 가지고 설계하는 것을 말한다.

4.4.2 적층 강성

(1) 적층강성은 실험 결과나 제조사의 데이터로부터 결정되어야 한다.

(2) 실험 또는 제조사의 데이터가 없을시, 물성은 고전적층이론과 각 방향별 단층의 물성값을 고려하여 계산한다.

(3) 적층강성은 다음 단계와 같이 결정할 수 있다.

단계 1

사전에 알고 있는 각 단층의 물성값인 E_1, E_2, G_{12}, ν_{12} 를 사용하여 다음 식 (4.14)를 이용하여 복합신소재 공학상수값인 Q_{11}, Q_{22}, Q_{66}, Q_{12}를 결정하여야 한다.

$$\begin{aligned} Q_{11} &= E_1 / (1 - \nu_{12}\nu_{21}) \\ Q_{22} &= E_2 / (1 - \nu_{12}\nu_{21}) \\ Q_{66} &= G_{12} \\ Q_{12} &= \nu_{21} E_1 / (1 - \nu_{12}\nu_{21}) \\ \nu_{21} &= (E_2 / E_1)\,\nu_{12} \end{aligned} \tag{4.14}$$

단계 2

각 단층의 강성 Q_{ij} 얻어지면, 각 변환을 통해 $\overline{Q_{ij}}$ 을 다음 행렬식으로 계산한다.

	Q_{11}	Q_{22}	Q_{12}	Q_{66}
$\overline{Q_{11}}$	m^4	n^4	$2m^2n^2$	$4m^2n^2$
$\overline{Q_{22}}$	n^4	m^4	$2m^2n^2$	$4m^2n^2$
$\overline{Q_{12}}$	m^2n^2	m^2n^2	m^4+n^4	$-4m^2n^2$
$\overline{Q_{66}}$	m^2n^2	m^2n^2	$-2m^2n^2$	$(m^2-n^2)^2$
$\overline{Q_{16}}$	$-m^3n$	mn^3	$-mn(m^2-n^2)$	$-2mn(m^2-n^2)$
$\overline{Q_{26}}$	$-mn^3$	m^3n^2	$mn(m^2-n^2)$	$2mn(m^2-n^2)$

예 : $\overline{Q_{11}} = m^4Q_{11} + n^4Q_{22} + 2m^2n^2Q_{12} + 4m^2n^2Q_{66}$

여기서, $m = \cos\theta$

$n = \sin\theta$

$\theta =$ 섬유의 주축(구조축)에 상대적인 각도

단계 3

적층 중간 평판으로부터 k^{th} 번째의 아래 적층평판까지의 거리 h_{k-1} 와 위 적층평판까지의 거리 h_k 을 각 적층 조건에 대해서 결정한다.

단계 4

방정식 (4.15)를 이용하여 적층에 대한 A_{ij}, B_{ij} 그리고 D_{ij}을 구한다.

$$A_{ij} = \sum_{k=1}^{n} (\overline{Q_{ij}})_k (h_k - h_{k-1}) \qquad i, j = 1,2,6$$

$$B_{ij} = 1/2 \sum_{k=1}^{n} (\overline{Q}_{ij})_k (h_k^2 - h_{k-1}^2) \qquad i, j = 1,2,6 \qquad (4.15)$$

$$D_{ij} = 1/3 \sum_{k=1}^{n} (\overline{Q}_{ij})_k (h_k^3 - h_{k-1}^3) \qquad i, j = 1,2,6$$

여기서, A_{ij} = 적층에 관한 면내력 강도(extensional stiffness)

B_{ij} = 적층에 관한 휨-면내력 복합강도(coupling stiffness)

D_{ij} = 적층에 관한 휨강도(bending stiffness)

n = 단층의 적층수

A_{ij}, B_{ij}, D_{ij}와 관계되는 응력과 모멘트, 변형률과 곡률의 관계를 다음 행렬식으로 나타낸다.

	ε_x	ε_y	ε_{xy}	χ_x	χ_y	χ_{xy}
N_x	A_{11}	A_{12}	A_{16}	B_{11}	B_{12}	B_{16}
N_y	A_{21}	A_{22}	A_{26}	B_{12}	B_{22}	B_{26}
N_{xy}	A_{16}	A_{26}	A_{66}	B_{16}	B_{26}	B_{66}
M_x	B_{11}	B_{12}	B_{16}	D_{11}	D_{12}	D_{16}
M_y	B_{12}	B_{22}	B_{26}	D_{12}	D_{22}	D_{26}
M_{xy}	B_{16}	B_{26}	B_{66}	D_{16}	D_{26}	D_{66}

여기서, χ 는 곡률을 나타낸다.

단계 5

적층 강성을 이루는 A_{ij}, B_{ij} 그리고 D_{ij}을 구해지면, 적층 강성행렬을 역변환함으로써 연관되는 컴플라이언스 a_{ij}, b_{ij}, d_{ij}를 계산한다.

단계 6

컴플라이언스 a_{ij} , b_{ij} , d_{ij} 이 구해지면, 적층의 탄성계수를 계산한다.

등가 멤브레인 탄성계수는,

$$
\begin{aligned}
E_x &= 1/ha_{11} \\
E_y &= 1/ha_{22} \\
G_{xy} &= 1/ha_{66} \\
\nu_{xy} &= -a_{12}/a_{11} \\
\nu_{yx} &= -a_{12}/a_{22}
\end{aligned} \tag{4.16}
$$

등가 휨 탄성계수는,

$$
\begin{aligned}
E_x &= 12/h^3 d_{11} \\
E_y &= 12/h^3 d_{22} \\
G_{xy} &= 12/h^3 d_{66} \\
\nu_{xy} &= -d_{12}/d_{11} \\
\nu_{yx} &= -d_{12}/d_{22}
\end{aligned} \tag{4.17}
$$

적층강성과 등가탄성특성에 대한 위 단계는 그림 4.14의 순서도로 요약되어 있다.

섬유배열각도(θ)에 대한 단층 물성 E_1, E_2, G_{12}, ν_{12}, h 계산

↓

단층의 재료축 방향의 강성(Q_{ij}) 계산

↓

단층의 구조축 방향의 강성($\overline{Q_{ij}}$) 계산

↓

각각의 단층 하면으로부터 k 번째 층까지의 거리(h_k) 결정

↓

단층 섬유배열각도에 대한 A_{ij}, B_{ij}, D_{ij} 값 계산

↓

적층 강도 역행렬 계산 및 컴플라이언스, a_{ij}, b_{ij}, d_{ij} 계산

↓

적층 등가 물성 E_x, E_y, G_{xy}, ν_{xy}, ν_{yx} 계산

그림 4.14 적층강성과 등가물성의 계산 순서도

4.4.3 적층강도

(1) 적층강도는 실험값이 가공시 데이터로부터 결정되어 진다. Hart-Smith 파괴기준은 설계에서 사용될 수 있다.

(2) 적층에 대한 Hart-Smith의 파괴 포락선은 단층과 같은 방법으로 조합할 수 있을 것이다.

(3) 적층에 대한 강도의 실험값이나 가공시 데이터가 없을시, 파괴 포락선은 연속 단층의 파괴 포락선을 이용하여 조합할 수 있다.

(4) 적층강도 데이타가 없을시, 적층의 파괴는 Tsai-Wu 기준을 사용하여 실험해야 할 것이다.

표 4.8 E-유리섬유 CSM/폴리에스테르 물성(수적층 방법, 섬유함유량범위; 20-30%)강도

강도 물성	섬유함유량(w_f)
인장, σ_t (N/mm^2)	290 w_f + 10
압축, σ_c (N/mm^2)	275 w_f + 60
휨, σ_f (N/mm^2)	
하한값	246 w_f + 95
상한값	410 w_f + 98
면내 전단, σ_{12}	157 w_f + 34
층간전단, σ_{INT} (N/mm^2)	25

예제 : 25% 무게량에 대해서, $\sigma_{f(upper)} = 410 \times 25/100 + 98 = 200.5\ \mathrm{N/mm^2}$

(5) 적층강도는 다음단계를 수행하여 결정하여야 한다.

단계 1

적층의 면내력, 휨-면내력 그리고 휨강성 A_{ij} , B_{ij} , D_{ij} 을 구한다.

단계 2

A_{ij} , B_{ij} , D_{ij} 로부터 a_{ij} , b_{ij} , d_{ij} 의 컴플라인스을 계산한다.

단계 3

다음 행렬식으로부터 $x-y$ 축에 대해서 적층의 중앙면에 대한 변형 ε_x, ε_y , ε_z 그리고 곡률 χ_x , χ_y , χ_{xy} 을 계산한다.

	N_x	N_y	N_{xy}	M_x	M_y	M_{xy}
ε_x	a_{11}	a_{12}	a_{16}	b_{11}	b_{12}	b_{16}
ε_y	a_{21}	a_{22}	a_{26}	b_{12}	b_{22}	b_{26}
ε_{xy}	a_{16}	a_{26}	a_{66}	b_{16}	b_{26}	b_{66}
χ_x	b_{11}	b_{12}	b_{16}	d_{11}	d_{12}	d_{16}
χ_y	b_{12}	b_{22}	b_{26}	d_{12}	d_{22}	d_{26}
χ_{xy}	b_{16}	b_{26}	b_{66}	d_{16}	d_{26}	d_{66}

단계 4

각각의 단층에 대해서, 면내력과 휨 변형률부터 발생되는 전체 적층 변형률을 계산한다.

$$\begin{Bmatrix} \overline{\varepsilon_x} \\ \overline{\varepsilon_y} \\ \overline{\varepsilon_{xy}} \end{Bmatrix} = \begin{Bmatrix} \varepsilon_x - z\,\chi_x \\ \varepsilon_y - z\,\chi_y \\ \varepsilon_{xy} - z\,\chi_{xy} \end{Bmatrix} \tag{4.18}$$

단계 5

재료축(1-2)로부터 주축(x-y)으로 단층 변형률을 변환한다.

	$\overline{\varepsilon_x}$	$\overline{\varepsilon_y}$	$\overline{\varepsilon_{xy}}$
ε_1	m^2	n^2	mn
ε_2	n^2	m^2	$-mn$
ε_{12}	$-2mn$	$2mn$	m^2-n^2

단계 6

전체 변형률로부터 주축 x-y에 대한 단층 응력을 계산한다.

	ε_1	ε_2	ε_{12}
σ_1	Q_{11}	Q_{12}	0
σ_2	Q_{21}	Q_{22}	0
σ_{12}	0	0	Q_{66}

단계 7

단층의 강도를 계산한다. 임의의 단층이 적층 내에서 파괴될지를 결정할 것이다. 적층강도 계산에 대한 위 단계는 그림 4.15의 흐름도로 요약되었다.

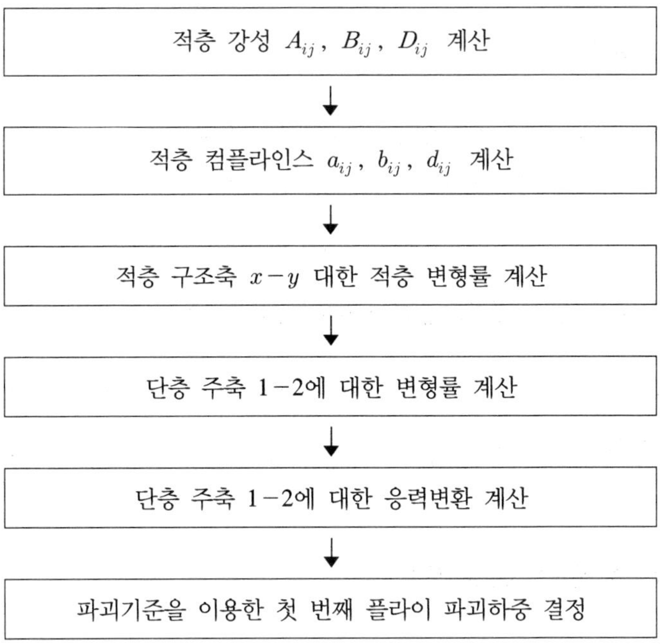

그림 4.15 적층강도를 계산하는 흐름도

4.5 해석 및 프로그램

4.5.1 일반사항

(1) 상용 프로그램은 복합신소재 적층구조물의 해석과 설계를 위해 개발되었다. 상용 프로그램은 적층구조물의 복잡한 역학적 거동으로 인해 설계자가 적절한 목적에 따라 이용해야 할 것이다.

4.5.2 필요한 계산

(1) 요구되는 계산은 본 설계지침서에 제시되어 있다. 보통 적층구조물 설계에서 해석과 설계능력은 유용하지만 필요하지는 않다.

4.5.3 컴퓨터 프로그램에 필요한 일반적인 사항

(1) 효과적이고 사용자가 편한 해석/설계 프로그램을 위해 필요한 사항은 본 설계지침서에 제시되어 있다.

4.5.4 이용할 수 있는 프로그램

(1) 복합신소재의 적층구조물 요소의 해석과 설계에 대해 개발된 전문 프로그램은 본 설계지침서에 제시되어 있다.

4.5.5 프로그램 선택

(1) 프로그램의 선택은 프로그램에 필요한 사항을 정확히 정의한 특정한 것에 기반을 두어야 한다.
(2) 프로그램에 사용에 있어서 주요 영향을 미치는 해석/설계 능력과 특징은 특정치가 정의되어 있을시 고려되어야 한다.

4.6 설계 데이타

다음 표 4.9−4.16에 제시된 복합신소재 물성값의 설계데이터를 나타낸다 (특성값 = 표준편차 1.64보다 작은 평균값). 설계 복합신소재 물성값은 관계되는 부분안전계수로 특정치를 나누어줌으로써 이끌어낼 수 있다. 부분안전계수는 본 지침서 2장에서 구할 수 있다. 시편으로부터 인용된 값은 특별 제조경로에 특정한 것으로 $\gamma_{m3} = 2$, $\gamma_{m2} = 1$이다.

표 4.9 특정 복합신소재 특성값 : 설계데이터(1)

물성	단위	기호	특성값
인장 강도 (long.)	N/mm^2	$\sigma_{x,t.k}$	410
인장 강도 (trans.)	N/mm^2	$\sigma_{y,t,k}$	44
인장 탄성계수 (long.)	kN/mm^2	$E_{x,t,k}$	27
인장 탄성계수 (trans.)	kN/mm^2	$E_{y,t,k}$	3.5
압축 강도 (long.)	kN/mm^2	$\sigma_{x,c,k}$	270
압축 강도 (trans.)	kN/mm^2	$\sigma_{y,c,k}$	
압축 탄성계수 (long.)	kN/mm^2	$E_{x,c,k}$	24
압축 탄성계수 (trans.)	kN/mm^2	$E_{y,c,k}$	4.5
전단 강도 (in-plane)	kN/mm^2	$\tau_{xy,k}$	15
전단 탄성계수 (in-plane)	kN/mm^2	$G_{xy,k}$	4.2
휨 강도 (long.)	kN/mm^2	$\sigma_{x,b,k}$	400
휨 강도 (trans.)	kN/mm^2	$\sigma_{y,b,k}$	115
휨 탄성계수 (long.)	kN/mm^2	$E_{x,b,k}$	14
휨 탄성계수 (trans.)	kN/mm^2	$E_{y,b,k}$	8
파괴 변형률 (long.)	%		1.8
파괴 변형률 (trans.)	%		1.65
포아송 비 (long.)	-		0.2
포아송 비 (trans.)	-		0.1

제조과정	인발
섬유	E-유리섬유/매트:로빙(비율 1:4)
수지	폴리에스테르, 비닐 에스터, modar
섬유부피부담비율	48%

표 4.10 특정 복합신소재 특성값 : 설계데이터(2)			
물성	단위	기호	특성값
인장 강도 (long.)	N/mm^2	$\sigma_{x,t,k}$	207
인장 강도 (trans.)	N/mm^2	$\sigma_{y,t,k}$	48
인장 탄성계수 (long.)	kN/mm^2	$E_{x,t,k}$	17.2
인장 탄성계수 (trans.)	kN/mm^2	$E_{y,t,k}$	5.5
압축 강도 (long.)	N/mm^2	$\sigma_{x,c,k}$	207
압축 강도 (trans.)	N/mm^2	$\sigma_{y,c,k}$	103
압축 탄성계수 (long.)	kN/mm^2	$E_{x,c,k}$	17.2
압축 탄성계수 (trans.)	kN/mm^2	$E_{y,c,k}$	6.9
전단 강도 (in-plane)	N/mm^2	$\tau_{xy,k}$	31
전단 탄성계수 (in-plane)	kN/mm^2	$G_{xy,k}$	2.9
휨 강도 (long.)	N/mm^2	$\sigma_{x,b,k}$	207
휨 강도 (trans.)	N/mm^2	$\sigma_{y,b,k}$	69
휨 탄성계수 (long.)	kN/mm^2	$E_{x,b,k}$	13.8
휨 탄성계수 (trans.)	kN/mm^2	$E_{y,b,k}$	5.5
파괴 변형률 (long.)	%		
파괴 변형률 (trans.)	%		
포아송 비 (long.)	-		0.33
포아송 비 (trans.)	-		0.11

제조과정 인발

섬유 E-유리섬유/매트:로빙(비율 1:1)

수지 폴리에스테르

섬유부피비 36%

표 4.11 특정 복합신소재 특성값 : 설계데이터(3)

물성	단위	기호	특성값
인장 강도 (long.)	N/mm^2	$\sigma_{x,t,k}$	690
인장 강도 (trans.)	N/mm^2	$\sigma_{y,t,k}$	
인장 탄성계수 (long.)	kN/mm^2	$E_{x,t,k}$	41
인장 탄성계수 (trans.)	kN/mm^2	$E_{y,t,k}$	
압축 강도 (long.)	N/mm^2	$\sigma_{x,c,k}$	414
압축 강도 (trans.)	N/mm^2	$\sigma_{y,c,k}$	
압축 탄성계수 (long.)	kN/mm^2	$E_{x,c,k}$	
압축 탄성계수 (trans.)	kN/mm^2	$E_{y,c,k}$	
전단 강도 (in-plane)	N/mm^2	$\tau_{xy,k}$	38
전단 탄성계수 (in-plane)	kN/mm^2	$G_{xy,k}$	
휨 강도 (long.)	N/mm^2	$\sigma_{x,b,k}$	690
휨 강도 (trans.)	N/mm^2	$\sigma_{y,b,k}$	
휨 탄성계수 (long.)	kN/mm^2	$E_{x,b,k}$	41
휨 탄성계수 (trans.)	kN/mm^2	$E_{y,b,k}$	
파괴 변형률 (long.)	%		2.0
파괴 변형률 (trans.)	%		
포아송 비 (long.)	-		
포아송 비 (trans.)	-		

제조과정　인발
섬유　E-유리섬유 로빙
수지　폴리에스테르
섬유부피비　65%

표 4.12 특정 복합신소재 특성값 : 설계데이터(4)

물성	단위	기호	특성값
인장 강도 (long.)	N/mm^2	$\sigma_{x,t,k}$	80
인장 강도 (trans.)	N/mm^2	$\sigma_{y,t,k}$	80
인장 탄성계수 (long.)	kN/mm^2	$E_{x,t,k}$	5600
인장 탄성계수 (trans.)	kN/mm^2	$E_{y,t,k}$	5600
압축 강도 (long.)	N/mm^2	$\sigma_{x,c,k}$	80
압축 강도 (trans.)	N/mm^2	$\sigma_{y,c,k}$	80
압축 탄성계수 (long.)	kN/mm^2	$E_{x,c,k}$	5600
압축 탄성계수 (trans.)	kN/mm^2	$E_{y,c,k}$	5600
전단 강도 (in-plane)	N/mm^2	$\tau_{xy,k}$	
전단 탄성계수 (in-plane)	kN/mm^2	$G_{xy,k}$	
휨 강도 (long.)	N/mm^2	$\sigma_{x,b,k}$	
휨 강도 (trans.)	N/mm^2	$\sigma_{y,b,k}$	
휨 탄성계수 (long.)	kN/mm^2	$E_{x,b,k}$	
휨 탄성계수 (trans.)	kN/mm^2	$E_{y,b,k}$	
파괴 변형률 (long.)	%		
파괴 변형률 (trans.)	%		
포아송 비 (long.)	-		0.33
포아송 비 (trans.)	-		0.33

제조과정 수적층(Hand lay-up)

섬유 E-유리섬유/CSM

수지 폴리에스테르

섬유부피비 15.9% (2.5:1 R:G)

표 4.13 특정 복합신소재 특성값 : 설계데이터(5)

물성	단위	기호	특성값
인장 강도 (long.)	N/mm^2	$\sigma_{x,t,k}$	97
인장 강도 (trans.)	N/mm^2	$\sigma_{y,t,k}$	97
인장 탄성계수 (long.)	kN/mm^2	$E_{x,t,k}$	6.8
인장 탄성계수 (trans.)	kN/mm^2	$E_{y,t,k}$	6.8
압축 강도 (long.)	N/mm^2	$\sigma_{x,c,k}$	97
압축 강도 (trans.)	N/mm^2	$\sigma_{y,c,k}$	97
압축 탄성계수 (long.)	kN/mm^2	$E_{x,c,k}$	6.8
압축 탄성계수 (trans.)	kN/mm^2	$E_{y,c,k}$	6.8
전단 강도 (in-plane)	N/mm^2	$\tau_{xy,k}$	
전단 탄성계수 (in-plane)	kN/mm^2	$G_{xy,k}$	
휨 강도 (long.)	N/mm^2	$\sigma_{x,b,k}$	
휨 강도 (trans.)	N/mm^2	$\sigma_{y,b,k}$	
휨 탄성계수 (long.)	kN/mm^2	$E_{x,b,k}$	
휨 탄성계수 (trans.)	kN/mm^2	$E_{y,b,k}$	
파괴 변형률 (long.)	%		
파괴 변형률 (trans.)	%		
포아송 비 (long.)	-		0.33
포아송 비 (trans.)	-		0.33

제조과정 수적층(Hand lay-up)

섬유 E-유리섬유/CSM

수지 폴리에스테르

섬유부피비 19% (2:1 R:G)

표 4.14 특정 복합신소재 특성값 : 설계데이터(6)			
물성	단위	기호	특성값
인장 강도 (long.)	N/mm^2	$\sigma_{x,t,k}$	228
인장 강도 (trans.)	N/mm^2	$\sigma_{y,t,k}$	228
인장 탄성계수 (long.)	kN/mm^2	$E_{x,t,k}$	15.2
인장 탄성계수 (trans.)	kN/mm^2	$E_{y,t,k}$	15.2
압축 강도 (long.)	N/mm^2	$\sigma_{x,c,k}$	129
압축 강도 (trans.)	N/mm^2	$\sigma_{y,c,k}$	129
압축 탄성계수 (long.)	kN/mm^2	$E_{x,c,k}$	10.9
압축 탄성계수 (trans.)	kN/mm^2	$E_{y,c,k}$	10.9
전단 강도 (in-plane)	N/mm^2	$\tau_{xy,k}$	65.6
전단 탄성계수 (in-plane)	kN/mm^2	$G_{xy,k}$	65.6
휨 강도 (long.)	N/mm^2	$\sigma_{x,b,k}$	395
휨 강도 (trans.)	N/mm^2	$\sigma_{y,b,k}$	395
휨 탄성계수 (long.)	kN/mm^2	$E_{x,b,k}$	13.4
휨 탄성계수 (trans.)	kN/mm^2	$E_{y,b,k}$	13.4
파괴 변형률 (long.)	%		2.8
파괴 변형률 (trans.)	%		2.8
포아송 비 (long.)	-		
포아송 비 (trans.)	-		

제조과정 수적층(Hand lay-up)

섬유 E-유리섬유/우븐로빙

수지 폴리에스테르

섬유부피비 35.6% (0.85:1 R:G)

표 4.15 특정 복합신소재 특성값 : 설계데이터(7)

물성	단위	기호	특성값
인장 강도 (long.)	N/mm^2	$\sigma_{x,t,k}$	270
인장 강도 (trans.)	N/mm^2	$\sigma_{y,t,k}$	270
인장 탄성계수 (long.)	kN/mm^2	$E_{x,t,k}$	14.5
인장 탄성계수 (trans.)	kN/mm^2	$E_{y,t,k}$	14.5
압축 강도 (long.)	N/mm^2	$\sigma_{x,c,k}$	
압축 강도 (trans.)	N/mm^2	$\sigma_{y,c,k}$	
압축 탄성계수 (long.)	kN/mm^2	$E_{x,c,k}$	
압축 탄성계수 (trans.)	kN/mm^2	$E_{y,c,k}$	
전단 강도 (in-plane)	N/mm^2	$\tau_{xy,k}$	14.6
전단 탄성계수 (in-plane)	kN/mm^2	$G_{xy,k}$	
휨 강도 (long.)	N/mm^2	$\sigma_{x,b,k}$	350
휨 강도 (trans.)	N/mm^2	$\sigma_{y,b,k}$	350
휨 탄성계수 (long.)	kN/mm^2	$E_{x,b,k}$	12.5
휨 탄성계수 (trans.)	kN/mm^2	$E_{y,b,k}$	12.5
파괴 변형률 (long.)	%		
파괴 변형률 (trans.)	%		
포아송 비 (long.)	-		
포아송 비 (trans.)	-		

제조과정 RTM(Resin transfer moulding)

섬유 E-유리섬유 0°/ 90°직조로빙

수지 폴리에스테르

섬유부피비 38%

표 4.16 특정 복합신소재 특성값 : 설계데이터(8)

물성	단위	기호	특성값
인장 강도 (long.)	N/mm^2	$\sigma_{x,t,k}$	260
인장 강도 (trans.)	N/mm^2	$\sigma_{y,t,k}$	260
인장 탄성계수 (long.)	kN/mm^2	$E_{x,t,k}$	18.9
인장 탄성계수 (trans.)	kN/mm^2	$E_{y,t,k}$	18.9
압축 강도 (long.)	N/mm^2	$\sigma_{x,c,k}$	
압축 강도 (trans.)	N/mm^2	$\sigma_{y,c,k}$	
압축 탄성계수 (long.)	kN/mm^2	$E_{x,c,k}$	
압축 탄성계수 (trans.)	kN/mm^2	$E_{y,c,k}$	
전단 강도 (in-plane)	N/mm^2	$\tau_{xy,k}$	16.1
전단 탄성계수 (in-plane)	kN/mm^2	$G_{xy,k}$	
휨 강도 (long.)	N/mm^2	$\sigma_{x,b,k}$	320
휨 강도 (trans.)	N/mm^2	$\sigma_{y,b,k}$	320
휨 탄성계수 (long.)	kN/mm^2	$E_{x,b,k}$	12.5
휨 탄성계수 (trans.)	kN/mm^2	$E_{y,b,k}$	12.5
파괴 변형률 (long.)	%		
파괴 변형률 (trans.)	%		
포아송 비 (long.)	-		
포아송 비 (trans.)	-		

제조방법	RTM(Resin transfer moulding)
섬유	E-유리섬유 0°/ 90°± 45° 직조로빙
수지	폴리에스테르
섬유부피비	59%

단면과 부재설계 05

5.1 강도한계상태

5.1.1 기본조건

(1) 고려해야할 응력상태의 경우 다음과 같은 조건이 만족되어야 한다.

$$E_d \leqq R_d$$

$$E_d = E_d\,(F_d\,,\ a_d,\ \cdots\ ) \qquad (5.1)$$

여기서, F_d는 설계하중의 값이다.

$$F_d = \gamma_t F_k = \gamma_G\, G_k + \Psi_i\, \gamma_Q\, Q_k \qquad (5.2)$$

여기서, $a_d =$ 설계된 단면의 기하학적 조건

$R_d = R\,(X_d, a_d, K_d, \cdots\ )$ / 설계강도

$X_d = X_k\,/\,\gamma_m$ 이며, 설계재료의 특성값

$C_m =$ 해석적 불확실성 계수

(2) 특별한 요소에서의 강도한계상태는 요소의 형태에 대해서 고려해야 한다.

표 5.1 판 휨강성식

등방성판

$$D = \frac{Et^3}{12(1-\nu^2)}$$

특별직교이방성판

$$D_x = \frac{E_x t^3}{12(1-\nu_{xy}\nu_{yx})}$$

$$D_{xy} = D_{yx} = \frac{\nu_{yx} E_x t^3}{12(1-\nu_{xy}\nu_{yx})}$$

$$D'_{xy} = \frac{G_{xy} t^3}{12}$$

$$D_y = \frac{E_y t^3}{12(1-\nu_{xy}\nu_{yx})}$$

t = 적층의 두께

D_{xy} = 전단 강성

E = 휨에 대한 탄성계수

E_x = x 방향의 휨에 대한 탄성계수

E_y = y 방향의 휨에 대한 탄성계수

G_{xy} = 평면내에서 전단계수

ν_{xy} = 포아송비

ν_{yx} = 포아송비

5.1.2 설계하중 결정

(1) 설계하중의 영향은 제2장에서 정한 원리와 관련하여 결정하여야 한다.

5.1.3 설계강도 결정

(1) 부재와 단면설계강도 R_d 는 복합신소재의 구성재료의 설계값 X_d 에 기반한 복합신소재 특성값 X_k 에 기초하여야 한다.

(2) 복합신소재의 특성값은 다음사항 중 하나 또는 그 이상으로부터 결정되어야 한다.

- 개개의 섬유들이나 단층의 성분과 이론으로부터 얻어지는 적층의 성분
- 이론으로부터 얻어지는 적층의 성분을 갖는 종 및 횡방향 섬유 보강에 주어지는 관심에 기인한 적층을 형성한 섬유 혹은 단층의 각각으로부터 절단 혹은 그와 같은 것으로 형성된 내용
- 부재단면의 전체 또는 부분을 형성하는 완벽한 적층
- 단면/부재의 표준 혹은 완전 구조체

(3) 설계값 X_d 을 구하기 위해 복합신소재 특성값 X_k 에 적용되는 γ_m 은 설계강도 결정에서 관련된 불확실성에 대해서 적절한 수준으로 되어야 한다.

5.2 사용성한계상태

5.2.1 기본조건

(1) 사용성한계상태

- 구조물의 유효한 사용 혹은 외관에 역으로 영향을 주는 변형과 처짐
- 건물에 상주하는 사람에게 불안을 발생시키는 진동이나 가로 흔들림 혹은 그 내용에 준하는 손상
- 마감재나 혹은 비구조 요소에 손상을 발생시키는 변형, 처짐, 진동 혹은 가로 흔들림

(2) 과도한 한계를 피하기 위해서 변형, 처짐 및 진동에 대한 한계를 둘 필요가 있다.

(3) 특정 한계값이 의뢰인, 설계자 그리고 소관 관청사이의 동의되었을 경우를 제외하고, 한계값은 이 설계지침서에서 주어진 한계값을 적용하여야 한다.

5.2.2 처짐

5.2.2.1 요구조건

(1) 구조물과 요소들은 제공된 재료의 성질과 건물의 의도된 사용과 점유에 합당하게 만족될 수 있도록 주민과 설계자와 소관 관청 사이의 동의 한계범위 이내에 있는 처짐에 합당하여야 한다.

(2) 처짐에 대한 바람직한 한계는 이 설계지침서 8.2.1에 주어져 있으며, 여러 경우에 있어서 더 엄격한 한계는 건설의 사용과 감싸고 있는 복합신소재의 특성에 적합하도록 또는 설치된 장비의 알맞은 기능을 유지하도록 적절해야 할 것이다.

(3) 처짐은 2차 영향과 임의 준절점의 회전강성에 대하여 허용범위 이내가 되도록 하여야 한다.

5.2.2.2 처짐한계값

(1) 수직처짐에 대한 한계값은 그림 5.1에 단순 지지된 보를 참고하여 설명하고 있다.

δ_{max} = 지지점을 연결하는 직선에서 최종상태의 늘어진 중앙부위 처짐

δ_1 = 하중재하후 바로 영구하중에 의한 보의 처짐 변화량

δ_2 = 가변하중으로 인한 보의 처짐과 영구하중으로 인한 임의 시간에 종속적인 변형의 변화량

δ_0 = 비하중재하시 보의 위로 사전에 처짐량

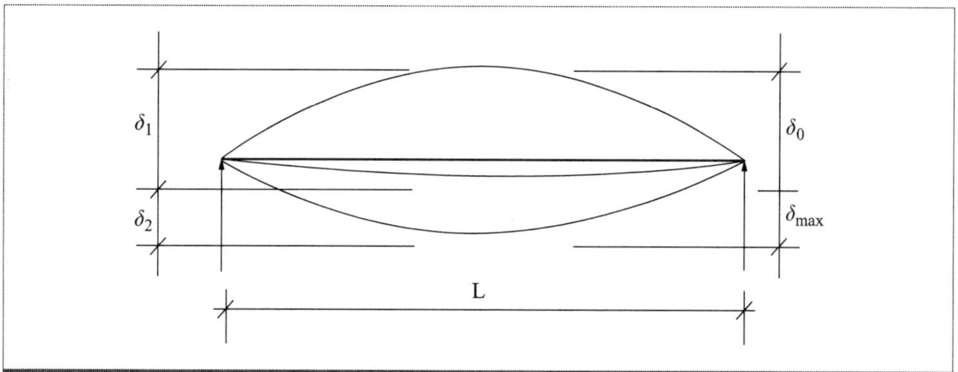

그림 5.1 연직처짐

5.2.3 응력과 변형률

(1) 고려되는 응력과 변형률 상태의 경우 다음과 같은 조건이 만족되어야 한다.

$$E_d \leqq C_d \tag{5.3}$$

여기서, C_d 와 E_d 는 2장에 정의되어 있다.

C_d = 사용성한계상태에서 응력에 대한 설계한계조건

E_d = $E_d(F_d, a_d, E\cdots)$

F_d = 설계하중 = $\gamma_t F_k$ = $\gamma_G G_k + \Psi_i \gamma_Q Q_k$

a_d = 설계된 단면의 기하학적 특성 조건

06 인장부재

6.1 일반사항

(1) 이 장은 인장력 만을 받는 요소에 관한다. 이러한 요소는 복합신소재의 구조축인 x축과 평행한 종방향 축에 배열되어 있다.

6.2 설계순서

(1) 각 단면에서 인장력 $N_{t,Sd}$ 에 대한 설계값은 다음을 만족해야 한다.

$$N_{t,Sd} \leqq N_{t,Rd} \tag{6.1}$$

여기서, $N_{t,Rd}$ 는 단면의 설계인장강도이며, 다음에서의 값보다 작은 값을 취해야 한다.

- 최소 전 단면의 설계인장강도

$$N_{t,Rd} = A\,\sigma_{x,t,k} / \gamma_m \tag{6.2}$$

- 구멍이 있는 경우의 순단면의 설계인장강도

$$N_{t,Rd} = 0.9\,A_{net}\,\sigma_{x,t,k} / \gamma_m \tag{6.3}$$

(2) 앵글, T형 단면과 ㄷ형강과 같은 돌출부를 통하여 연결된 또다른 형식의 단면은 특별한 요구조건에 따라야 한다.

(3) 단부연결과 연결판은 접합부를 가로질러 전달하는 인장력에 대하여 적합하게 설계되어야 한다.

(4) 만약 구성재료의 성분이 사용 중 화학작용에 대한 저항이 요구될시, 다음 인장력 $N_{t,Sd}$ 로 인한 축변형률(ε)은 다음조건을 만족해야 한다.

$$\varepsilon \leqq 0.2\,\% \;,\; \varepsilon \leqq 0.1\,\varepsilon_{mf}$$

여기서, $\varepsilon = N_{t,Sd}\,L\,/\,A_{net}\,E_{x,t,k}$ (6.4)

07 압축부재

7.1 일반사항

(1) 이 장은 비틀림의 영향이 무시될 수 있는 휨이 있는 경우와 없는 경우 축방향 압축을 받는 부재에 적용한다.

7.2 설계순서

(1) 처짐에 의한 모멘트의 증가와 같은 2차적 영향은 1차적 영향의 증가가 10%를 초과한다면 고려해야 한다.

(2) 2차적 영향을 고려한 구조적 안정성을 위한 설계는 강도한계상태에서 불리한 하중의 조합의 경우 정적 평형조건의 상실이 발생하지 않고 혹은 휨과 축방향력을 받는 각 단면의 강도는 초과하지 않아야 한다.

(3) 구조적 거동은 2차적 영향에 의한 파괴가 발생할 수 있는 경우에 임의 방향에서 고려해야 한다.

(4) 비대칭 단면의 경우 유효단면의 중심축에 대한 편심으로 인한 부가적인 모멘트가 허용범위 내에 있도록 해야 한다.

(5) 단부연결과 절점은 압축력이 단면에 잘 전달되도록 설계하여야 한다.

(6) 연결부위에서의 구속에 대한 가능한 불확실성이 고려되어야 한다.

(7) 축방향 압축부재의 경우 각 단면에서 압축력 설계값 $N_{c,Sd}$ 는 다음을 만족해야 한다.

$$N_{c,Sd} \leqq N_{c,Rd} \tag{7.1}$$

여기서, $N_{c,Rd}$ 는 단면의 설계압축강도이며, 다음 중 가장 작은 값은 취한다.

■ 단면의 설계 극한강도

$$N_{c,Rd} = A\,\sigma_{c,R} / \gamma_m \tag{7.2}$$

■ 부재 좌굴강도

$$N_{c,Rd} = k\,\pi^2 E_{x,d}\,I_{zz} / L^2 \gamma_m \tag{7.3}$$

여기서, I_{zz} = 단면의 2차모멘트
k = 1, 양단 핀(pin)지지 기둥
k = 4, 양단 고정지지 기둥
L = 횡방향 구속된 점 사이의 기둥의 길이

■ 단면의 설계 국부좌굴강도

$$N_{c,Rd} = A_{eff}\,\sigma_{c,cr} / \gamma_m \tag{7.4}$$

여기서, A_{eff} = 단면의 유효면적
$\sigma_{c,cr}$ = 다음과 같은 사항으로부터 결정된 단면의 각각의 요소의 최소 임계좌굴 강도

두 장변이 단순지지인 긴 4각형판으로 정의될 수 있는 단면의 요소의 경우로서 다음식과 같이 나타낼 수 있다.

$$\sigma_{c,cr,y} = 2\,\pi^2 \left\{(D_x D_y)^{1/2} + H_0\right\} / tb^2 \tag{7.5}$$

여기서, $H_0 = 1/2\,(\nu_{xy}\, D_y + \nu_{yx}\, D_x) + 2\,(G_{xy} t^3 / 12)$ (7.6)

b = 평판요소의 유효폭

t = 평판요소의 두께

D_x , D_y = 판의 강성이고 표 5.1에 주어졌다.

길이방향으로 일단은 핀이고 타단은 자유단인 긴 4각형 판으로 정의될 수 있는 있는 단면의 요소의 경우로서 다음식과 같이 나타낼 수 있다.

$$\sigma_{c,cr,y} = \pi^2 \left\{(D_x (b/a)^2) + (12D'_{xy} / \pi^2)\right\} / tb^2 \tag{7.7}$$

여기서, a = 좌굴의 반파장길이

b = 평판요소의 유효폭

t = 편판요소의 두께

D_x , D_y , D'_{xy} = 판의 강성으로 표 5.1에 주어졌다.

등방성으로 구성되어 있고, $r / t > 10$ 인 관모양의 단면의 요소의 경우로서 다음식과 같이 나타낼 수 있다.

$$\sigma_{c,cr,y} = 025\, E_{x,c,k}\, t\, r \tag{7.8}$$

여기서, $E_{x,c,k}$ = 특정 축방향 압축탄성계수

t = 관의 두께

r = 관의 평균반경

08 휨부재

8.1 일반사항

(1) 설계강도는 다음과 같은 강도한계상태를 유지 혹은 초과해야 한다.

- 휨강도
- 축강도
- 전단강도
- 휨에 의한 복부좌굴
- 전단에 의한 복부좌굴
- 휨과 전단에 의한 복부좌굴
- 복부 손상
- 압축플랜지 좌굴
- 횡 비틀림 좌굴

(2) 설계강도는 강도한계상태에서 휨과 전단에 의한 최대 허용변형을 초과하지 않도록 결정되어야 한다.

(3) 단면2차모멘트(I)와 전단면적은 휨과 전단으로 인한 최대 허용 변형을 초과하지 않도록 결정되어야 한다.

(4) 단면계수(W)는 단면에서 최대 허용 인장·압축응력을 초과하지 않도록 결정되어야 한다.

(5) 플랜지의 최소 폭-두께비는 국부좌굴 없이 플랜지에서 요구되는 압축응력을 유지하도록 결정되어야 한다.

(6) 복부의 최소 폭-두께비는 국부좌굴없이 복부판에서 요구되는 전단응력을 유지하도록 결정되어야 한다.

(7) 부재의 강도는 횡방향 비틀림 좌굴을 방지할 수 있도록 적합화해야 한다.

(8) 이 설계지침서에 따르는 하중에 관한 내용은 설계과정에서 일정부분 단순화하기 위해 사용되어야 한다.

(9) 하중에 관한 내용은 보의 단부조건과 작용하는 하중조건에 대해 적합하여야 한다.

8.2 설계순서

8.2.1 사용성한계상태

(1) 부재의 변위는 구조물의 기능과 외형에 역으로 영향을 받지 않도록 해야 한다.

(2) 장·단기 재하 하중에 의한 모든 관련 변위의 총 합이 최대 허용변위를 초과하지 않아야 한다.

(3) 변위는 격벽, 유리, 포장등과 같은 다른 연결된 요소에 의해 초과되지 않게 조절할 수 있어야 한다. 몇 가지 경우에 있어서, 제한은 기계나 구조물을 지지하고 있는 장비의 알맞은 기능을 유지하거나 지붕에 물이 괴지 않게 해야 할 것이다. 진동에 있어서, 구조물 사용자에게 불편함이나 경보 혹은 불편을 발생시킬 수 있고 더 나아가 구조물의 손상을 발생시키지 않도록 제한을 두어야한다.

(4) 구조물의 성질, 공사마감, 분리와 고정 그리고 구조물의 기능을 고려한 처짐에 대한 한계값은 표 8.1의 값에 일치하여야 한다.

표 8.1 권장하는 처짐의 한계값

대표적인 조건	한계 (그림 5.1 참조)	
	δ_{max}	δ_2
보도	L/150	L/175
일반적 적용	L/175	L/200
일반적인 바닥구조	L/250	L/300
바닥과 지붕구조	L/250	L/350
기둥지지 바닥구조	L/400	L/500
최대처짐으로 구조물 외관에 손상을 주는 구조	L/250	-

(5) 등방성이고 균질한 보의 휨방정식은 복합신소재에 사용될 수 있으며, 단순보의 경우에 다음과 같은 식으로 표시할 수 있다.

$$휨처짐(\delta_b)=\frac{k_1 F_v L^3}{EI} \tag{8.1}$$

여기서, EI = 전단면의 휨강성

F_v = 보에 작용하는 총 수직하중

k_1 = 하중의 형식과 단부조건에 따른 계수. 표 8.2에 주어져 있다.

표 8.2 k_1과 k_2의 값

지지조건	하중종류	k_1	k_2
자유단	단부집중하중	1/3	1
자유단	등분포하중	1/8	1/2
양단지지	중앙부집중하중	1/48	1/4
양단지지	등분포하중	5/384	1/8
양단고정	등분포하중	1/384	1/24

(6) 지간/높이의 비가 25보다 작은 보의 경우 전단에 의한 처짐은 다음과 같은 경우 허용하여서는 안된다.

(7) 전단에 의한 처짐 방정식은 다음식을 이용하여야 한다.

$$전단처짐(\delta_s) = \frac{k_2 F_v L}{A_v G_{xy}} \tag{8.2}$$

여기서, k_2 = 하중의 형식과 단부조건에 의한 계수이며, 표 8.2에 주어져 있다.

F_v = 총 수직하중

A_v = 복부의 전단면적

G_{xy} = 복부의 면내 전단탄성계수

8.2.2 강도한계상태

(1) 각 단면에서 내부 휨 모멘트 M_{Sd} 의 설계값은 다음 조건을 만족해야 한다.

$$M_{Sd} \leq M_{Rd} \tag{8.3}$$

여기서, M_{Rd} 는 단면의 설계모멘트강도이며, 다음 중 가장 작은 값으로 결정한다.

- 전단면의 설계 극한저항모멘트

$$M_{Rd} = W_t \, \sigma_{t,k} \, / \, \gamma_m$$

- 전단면의 설계 국부좌굴강도

$$M_{Rd} = M_{c,cr} \, / \, \gamma_m \quad \text{or} \quad W_c \, \sigma_{c,k} \, / \, \gamma_m$$

여기서, W_c 는 압축단면계수

- 부재의 횡방향 비틀림 좌굴 저항모멘트

$$M_{Rd} = M_{b,cr} \, / \, \gamma_m$$

(2) 단부연결과 연결보강판은 모멘트가 절점에 전달되도록 알맞게 설계되어야 한다.

(3) 부재는 모든 부재의 단면에서 부재에 따라 만족되는 이 설계지침서의 요구조건을 만족하도록 충분한 단면으로 해석해야 한다.

09 전단부재

9.1 일반사항

(1) 전단 좌굴강도는 이 설계지침서에 명기된 것으로써 검증되어야 한다.

(2) 단부연결과 연결 보강판은 전단력이 절점단면에 전달되도록 적절하게 설계되어야 한다.

9.2 설계순서

(1) 각 단면에서 전단력의 설계치 V_{Sd} 는 다음을 만족해야 한다.

$$V_{Sd} \leqq V_{Rd} \tag{9.1}$$

여기서, V_{Rd} 는 다음에 의해 주어지는 설계강도이다.

$$V_{Rd} = A_v \, \tau_{xy,k} \, / \, \gamma_m \tag{9.2}$$

(2) 전단 면적 A_v는 다음 값에 따른다.

- 제작된 I, H와 중공 박스단면의 경우 복부판에 평행하게 하중이 작용한 경우

$$A_v = \sum (d_w \, t_w)$$

■ I, H와 ㄷ형강 단면의 경우 플랜지에 평행하게 하중이 작용한 경우

$$A_v = A - \sum (d_w t_w)$$

■ 균일두께의 원형 중공단면과 튜브의 경우

$$A_v = 2A / \pi$$

■ 판과 속이 찬 봉의 경우

$$A_v = A$$

(3) 다른형식의 경우 A_v 는 위와 유사한 방법으로 결정해야 한다.

(4) 상기 (2)에 기술된 식은 적당한 경우에 조립단면요소에 적용될 수 있다.

(5) 복부두께가 일정하지 않다면 t_w 는 최소두께로 취하여야 한다.

10 안정성

10.1 일반사항

(1) 이 장은 횡방향 압축 또는 축방향 압축과 대칭축에 대한 휨을 동시에 받는 균일단면부재에 적용한다.

10.2 설계순서

10.2.1 복부판에서의 임계휨응력

(1) 면내 휨응력은 다음과 같은 한계를 만족해야 한다.

$$\sigma_{x,b} \leqq \sigma_{x,cr,b} \tag{10.1}$$

(2) 면내 휨을 받는 4각형판의 임계좌굴응력은 다음과 같은 식을 이용한다.

- 등방성재료의 경우

$$\sigma_{x,\,cr,\,b} = \frac{k\,\pi^2\,E\,(t_w\,/\,d_w)^2}{12\,(1-\nu_{xy}^2)} \tag{10.2}$$

여기서, $k = 23.9$

■ 특별한 직교이방성재료의 경우

$$\sigma_{x,cr,b} = \frac{k\,\pi^2\,D_x}{d_w^2\,t_w} \tag{10.3}$$

여기서, 복부판이 플랜지에 고정되어 있다고 가정한 경우

$D_y\,/\,D_x = 1.0$ 이면 : $k = 50$

$D_y\,/\,D_x = 0.5$ 이면 : $k = 20$

10.2.2 복부판에서의 임계전단응력

(1) 복부판의 전단응력은 다음 관계를 만족해야 한다.

$$\tau_{xy} \leqq \tau_{xy,cr,b} \tag{10.4}$$

면내 전단응력을 받는 4각형판의 임계좌굴응력은 다음과 같이 취하여야 한다.

■ 등방성 재료의 경우

$$\tau_{xy,cr,b} = \frac{k\,\pi^2\,E\,(t_w\,/\,d_w)^2}{12\,(1-\nu^2)} \tag{10.5}$$

여기서, 단순지지이고 $a\,/\,b > 10$ 인 경우 : $k = 5.35$

고정단을 갖는 경우이고 $a\,/\,b > 10$ 인 경우 : $k = 8.98$

■ 특별 직교이방성 재료인 경우

$$\tau_{cr} = \frac{4\,k\,(D_x\,D_y^3)^{0.25}}{d_w^2\,t_w} \tag{10.6}$$

여기서, $k = 8$

D_x 와 D_y 는 표 4.1에 주어져 있다.

10.2.3 복부판에서 전단과 면내 휨의 조합

(1) 휨과 전단의 조합된 부재의 보강된 복부판과 보강되지 않은 복부판은 다음과 같은 범위를 만족해야 한다.

$$(\tau_{xy} / \tau_{xy,cr,b})^2 + (\sigma_{x,b} / \sigma_{x,cr,b})^2 \leqq 1 \tag{10.7}$$

(2) 면내응력에 대비한 적당한 복부 보강재의 합체에 의하여 증가된 좌굴응력은 면내강도보다 큰 값되어서는 안된다.

(3) 보강재는 일정한 간격을 유지하고 과도한 변형이 발생하지 않도록 하여야 한다.

(4) 등방성 복부판 보강재는 보강재가 붙어있는 부재와 같은 탄성계수라면 다음과 같은 범위를 만족해야 한다. 복부판의 면에 대하여 보강재의 최소단면 2차모멘트 I_s 는 다음을 만족해야 한다.

$$I_s = 0.34\, d_w^4\, (t_w / b_s)^3 \tag{10.8}$$

10.2.4 횡방향력에 대한 복부판 강도

10.2.4.1 기본사항

(1) 플랜지 지압길이(S_s)는 그림 10.1에 표시된 보강재 지압의 길이 표시한다.

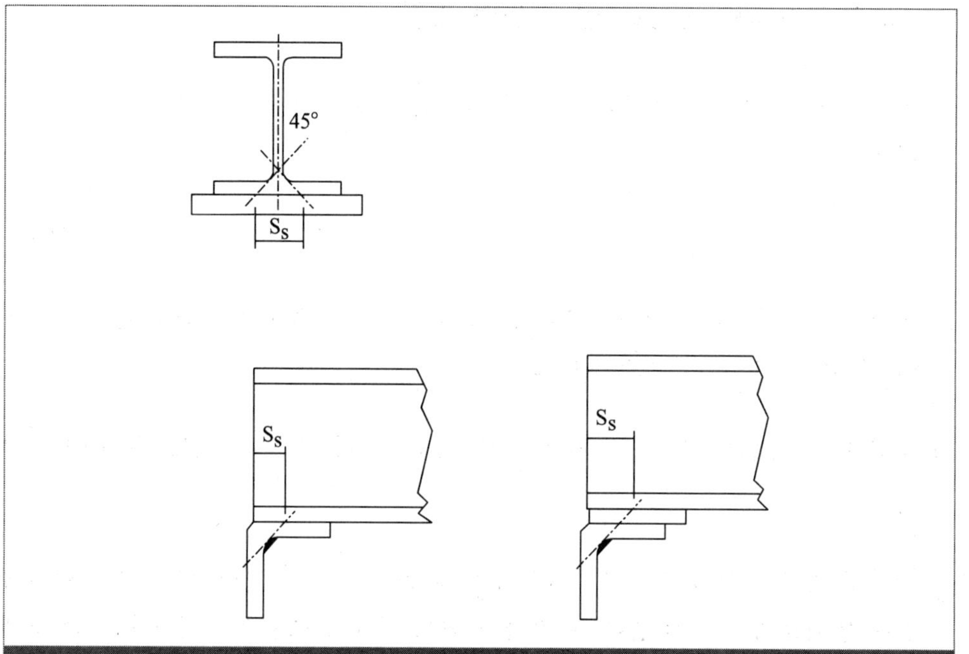

그림 10.1 지압길이

(2) 플랜지를 통하여 작용하는 횡방향력에 대한 보강되지 않은 복부판의 강도는 다음과 같은 파괴형상에 대하여 검토되어야 한다.

- 복부판의 파괴
- 부재의 높이의 대부분에서의 복부판의 좌굴

(3) 하중이 작용하는 두 가지 형식상의 특성이 다음과 같다.

- 플랜지를 통하여 작용하는 힘과 복부판에 전단력에 저항하는 힘
- 플랜지에 작용하는 힘과 복부판을 통하여 다른 플랜지에 직접적으로 전달되는 힘

(4) 부가적으로 부재의 모멘트 강도에서 횡방향력의 영향이 고려되어야 한다.

10.2.4.2 보강지압의 길이

(1) 작용하중이 효과적으로 분포되는 위에 보강지압길이 S_s 는 설치장소에 적절히 고정되어 있는 복합신소재를 통하여 하중의 1:1 경사로 분산되는 것으로 결정되어야 한다.

(2) 밀착되지 않은 경우에는 어떠한 분산도 이루어질 수 없으므로 주의해야 한다.

(3) 보강지압의 최소길이는 다음과 같은 식으로 결정되어야 한다.

$$S_s = \frac{R_u}{(t_w \ \ \sigma_{y,c,k,w})} \tag{10.9}$$

여기서, R_u = 지점부에서 지지반력

10.2.4.3 파괴강도

(1) I, H 그리고 U단면을 가진 복부판의 설계파괴강도 $V_{y,Rd}$ 은 다음과 같은 식으로 결정되어야 한다.

$$V_{y,Rd} = \frac{(S_s + S_n)\, t_w\, \sigma}{\gamma_m} \tag{10.10}$$

여기서, S_s = 보강지압길이

S_n = 단면의 높이의 반을 통하여 45°로 하여 분산됨으로 얻어지는 길이

10.2.4.4 좌굴강도

(1) I, H 그리고 U단면의 복부판의 설계좌굴강도 $R_{b,Rb}$ 는 다음과 같은 유효폭 b_{eff} 을 갖는 압축부재로서 복부판을 고려함으로서 결정되어야 한다.

$$b_{eff} = (h^2 + S_s^2)^{0.5} \tag{10.11}$$

(2) 부재의 단부 혹은 복부판의 개구에서 유효폭 b_{eff} 는 중간높이에서 측정한 실제적인 유효폭 보다 큰 값을 취하지 않아야 한다.

(3) 임계좌굴응력(σ_{cr})은 다음과 같은 식을 이용하여 결정하여야 한다.

$$\sigma_{cr} = \frac{k\,\pi^2\,\sqrt{D_x\,D_y}}{b_{eff}^2\,t_w} \tag{10.12}$$

여기서,

$$k = 2\left(1 + \frac{H}{\sqrt{D_x\,D_y}}\right) \tag{10.13}$$

$$H_0 = \frac{1}{2}\,(\nu_{xy}\,D_y + \nu_{yx}\,D_x) + \frac{(G\,t_w^3)}{6} \tag{10.14}$$

등방성인 경우 : $D_x = D_y = H_0$, $k = 4$

(4) 하중이 작용되는 플랜지는 하중이 작용하는 점에서 구속이 가능해야 하며, 그럴 수 없을 경우에 특별한 좌굴조사를 수행해야 한다.

10.2.4.5 압축플랜지의 좌굴

(1) 종방향 압축플랜지는 부재의 모든 점에서 다음과 같은 관계를 만족해야 한다.

$$\sigma_{x,c} \leqq \frac{\sigma_{x,cr,c}}{\gamma_m} \tag{10.15}$$

여기서, $\sigma_{x,cr,c}$ 는 임계좌굴응력이다.

(2) 플랜지가 폭에 비해 상당히 긴 등방성의 경우에 있어서, 임계좌응력은 $\sigma_{x,cr,c}$ 은 다음과 같은 식을 이용하여 결정하여야 한다.

$$\sigma_{x,cr,c} = G_{xy,d}\left(\frac{2\,t_f}{b_f}\right)^2 \tag{10.16}$$

여기서, G_{xy} = 플랜지 면내 전단탄성계수

(3) 일단은 자유이고 타단은 핀인 긴 4각형판의 직교이방성인 경우 국부좌굴응력은 다음과 같은 식을 이용하여 결정하여야 한다.

$$\sigma_{x,cr,b} = \frac{\pi^2\left\{(D_x(b_f/a)^2) + (12\,D'_{xy}/\pi^2)\right\}}{t_f b_f^2} \tag{10.17}$$

여기서, a = 좌굴의 길이며, 플랜지의 길이

10.2.4.6 횡 비틂 좌굴

(1) 임계좌굴 모멘트는 다음과 같은 식을 이용하여 결정하여야 한다.

$$M_b C_1 = P_{ey}\left[K\frac{I_w}{I_{zz}} + \frac{GJ}{P_{ey}}\right]^{0.25} \tag{10.18}$$

P_{ey} : 약축(weak axis)에 관한 오일러 기둥의 좌굴하중

$$P_{ey} = \frac{\pi^2 E_{x,b,d}\, I_{zz}}{(KL)^2} \tag{10.19}$$

여기서, L = 횡방향 구속된 점사이의 보의 길이

I_{zz} = 약축(minor axis)에 관한 단면2차모멘트

J = 비틀림 상수

I_w = 상수

$E_{z,b,k}$ = 약축에 대한 휨탄성계수

G_{xy} = 플랜지재료의 전단탄성계수

K = 약축에 대한 단부회전을 고려한 유효길이계수
모두 고정인 경우 0.5, 고정이 없는 경우 1.0

C_1 = 하중과 단부 구속조건에 따른 계수, 그리고 주축에 대하여 단순지지 보의 경우

등분포하중과 K가 1.0인 경우, $C_1 = 1.132$

등분포하중과 K가 0.5인 경우, $C_1 = 0.972$

중앙 집중하중과 K가 1.0인 경우, $C_1 = 1.365$

중앙 집중하중과 K가 0.5인 경우, $C_1 = 1.070$

하중이 전단중심을 통과하고 단부 뒤틀림이 어떠한 고정없이 발생하는 이중 대칭 단면에만 식 (10.18)을 이용하여 결정하여야 한다.

$$I_w = I_f \frac{(D - t)^2}{2}$$

여기서, $I_f = \dfrac{b_t^t}{12}$

조합부재 11

11.1 일반사항

(1) 이 장은 부재의 종방향축에 평행한 축방향 압축과 인장 그리고 양축 혹은 횡방향축에 대한 양쪽 모두의 휨을 받는 부재에 적용한다.

(2) 이 장에서 x축은 종방향축, y축은 휨을 위하여 주 횡방향축이고 그리고 z축은 휨에 대한 2차 횡방향축이다.

11.2 설계순서

(1) 강도한계상태에서 인장과 휨, 인장과 비틀림이 작용할 경우 다음과 같은 조건이 각 단면에서 만족되어야 한다.

$$\frac{N_{t,Sd,x}}{N_{t,Rd,x}} + \frac{M_{Sd,y}}{M_{Rd,y}} + \frac{M_{Sd,z}}{M_{Rd,z}} \leq 1 \tag{11.1a}$$

$$\frac{N_{t,Sd,x}}{N_{t,Rd,x}} + \frac{M_{Sd,y}}{M_{b,cr,y}} + \frac{M_{Sd,z}}{M_{b,cr,z}} \leq 1 \tag{11.1b}$$

(2) 사용한계상태에서 인장과 휨의 경우 부재 단면에서 최대 조합 인장변형률은 유사한 환경과 사용조건하에 있는 인장부재에서에 대한 값을 초과하지 않아야 한다.

(3) 강도한계상태에서의 압축과 휨의 경우 다음과 같은 조건은 각 단면에서 만족해야 한다.

$$\frac{N_{c,Sd,x}}{N_{c,Rd,x}} + \frac{M_{Sd,y}}{M_{Rd,y}} + \frac{M_{Sd,z}}{M_{Rd,z}} \leqq 1 \tag{11.2a}$$

$$\frac{N_{c,Sd,x}}{N_{c,Rd,x}} + \frac{M_{Sd,y}}{M_{c,cr,y}} + \frac{M_{Sd,z}}{M_{c,cr,z}} \leqq 1 \tag{11.2b}$$

$$X_x + X_y + X_z \leqq 1 \tag{11.2c}$$

여기서, $$X_x = MAX\begin{bmatrix} \dfrac{N_{c,Sd,x}}{0.7\,N_{cr,y}} \\ \\ \dfrac{N_{c,Sd,x}}{0.7\,N_{cr,z}} \end{bmatrix} \tag{11.3}$$

$N_{cr,y}$ = y축(강축)에 대한 휨에 대한 임계좌굴하중

$N_{cr,z}$ = z축(약축)에 대한 휨에 대한 임계좌굴하중

$$X_y = MAX\begin{bmatrix} M_{Sd,y} \,/\, M_{Rd,y}\left(1 - \dfrac{N_{c,Sd,x}}{N_{cr,y}}\right) \\ \\ M_{Sd,y} \,/\, M_{b,cr,y}\left(1 - \dfrac{N_{c,Sd,x}}{N_{cr,y}}\right) \end{bmatrix} \tag{11.4a}$$

$$X_z = MAX\begin{bmatrix} M_{Sd,z} \,/\, M_{Rd,z}\left(1 - \dfrac{N_{c,Sd,x}}{N_{cr,z}}\right) \\ \\ M_{Sd,z} \,/\, M_{b,cr,z}\left(1 - \dfrac{N_{c,Sd,x}}{N_{cr,z}}\right) \end{bmatrix} \tag{11.4b}$$

(4) 상기 식에서 사용된 임계좌굴하중의 값에서 크리프의 영향을 고려해야 한다.

(5) 사용한계상태에서 압축과 휨에 대한 상기 (3)과 (1)의 모든 조건을 만족하고 크리프로 인한 추가적인 처짐을 고려해서 처짐의 한계상태를 고려하여야 한다. 일반적으로 국부손상의 한계상태는 압축과 휨단면에서 고려할 필요는 없다.

12 판

12.1 일반사항

(1) 판(Plate)은 두께가 길이에 비해 다소 작은 두 방향의 하중전달요소로 이루어진 평면으로 정의된다.

(2) 이 설계지침서에서 판은 유형 I (등방성판), 유형 Ⅱ(직교이방성판) 그리고 유형 Ⅲ(비등방성판)로 분류한다. 판의 해석과 설계는 이 설계지침서 혹은 수치해석기법을 통해 수행되어야 한다.

(3) 판이 양단 지지이고 타단 자유인 경우 횡방향 하중 q_0 을 받고 있다면, 판의 중심방향에서 처짐 w 는 다음과 같은 식을 이용하여 결정하여야 한다.

$$w = \frac{\alpha\, q_0\, b\, a^3}{D_{22}} \tag{12.1}$$

판 중앙부에서의 휨모멘트는 다음과 같은 식을 이용하여 결정하여야 한다.

$$M_x = \beta_x\, q_0\, a^2 \tag{12.2}$$

$$M_y = \beta_y\, q_0\, \alpha^2 \tag{12.3}$$

판의 강성계수 α 와 응력집중계수 β_x 와 β_y 는 판의 기하학적 조건 a / b , 단부와 하중조건, 복합신소재의 재료성질 E_x , E_y , G_{xy} , ν_{xy} 에 따른다.

식 (12.1)−(12.3)에서 계수 a , β_x 그리고 β_y 는 미소변위해석에 기본을 두고

있으며, 판 두께비가 반이하의 최대 처짐에서 유효하다. 판 두께비가 반 이상의 처짐에 대해서는 판 멤브레인(membrane)을 고려한 비선형해석으로 결정하여야 한다.

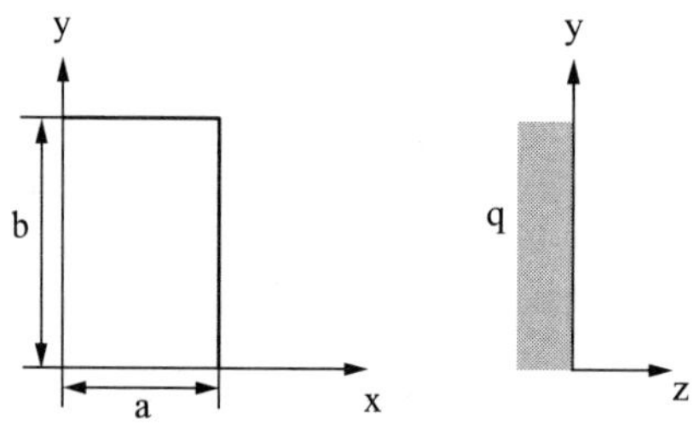

그림 12.1 등분포하중을 받는 판의 체계

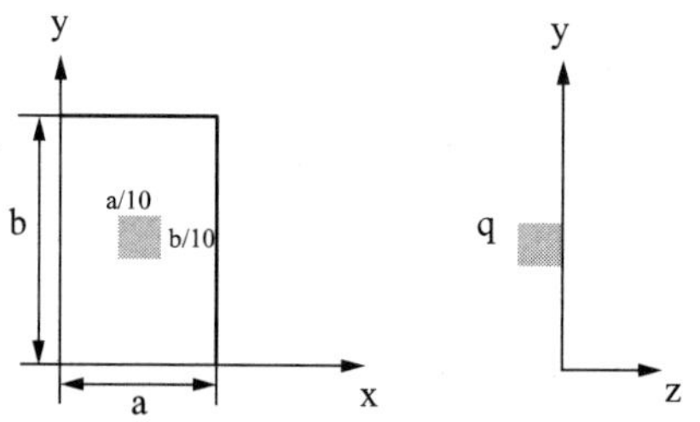

그림 12.2 부분등분포하중을 받는 판의 체계

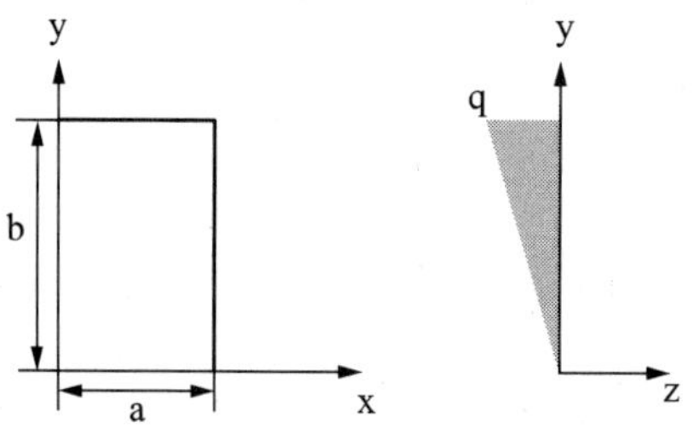

그림 12.3 삼각형 등분포하중을 받는 판의 체계

(4) 주어진 하중과 복합신소재에 대해 필요한 표는 표 12.1을 사용한다.

표 12.1 판의 유형별 처짐과 모멘트계수에 대한 표

판의 유형	4변 단순지지	4변 고정지지
유형 I (등방성판)	표 12.2	표 12.2
유형 II (특별직교이방성 판)	표 12.4~12.7 UDL 표 12.8~12.11 TL 표 12.12~12.15 PL	표 12.16~12.19 UDL 표 12.20~12.23 TL 표 12.24~12.27 PL
유형 III(비등방성적층판)	표 12.28~12.39 UDL	

* 비고 :

(i) 판의 제원 ① 계수는 다음과 같은 비율로 주어진다.

② $a/b = 0.25,\ 0.5,\ 0.75$ 그리고 1.0, 여기서 a와 b는 판의 차원을 말한다.

(ii) 재하하중 UDL, 등분포 하중 q_0

TL, 선형으로 변하는 삼각 분포하중 q_0

PL, 부분(patch)하중, 판의 중심부에 $a/10$, $b/10$의 차원에 작용하는 하중

(iii) 판의 특성 판의 유형 I의 경우

모멘트와 처짐 계수는 $D_{12}/D_{11} = 0.15,\ 0.3$의 값을 사용한다.

판의 유형 II의 경우

모멘트와 처짐 계수는 다음 조합에 대해서 제시된다.

③ $D_{11}/D_{12} = 0.5,\ 2.0,\ 4.0,\ 10.0$

④ $D_{12}/D_{11} = 0.15,\ 0.3$ $\quad D_{66}/D_{22} = 0.1,\ 0.3,\ 0.6$

판의 유형 III의 경우

$D_{16}/D_{11} = D_{26}/D_{11} = 0.35,\ 0.65,\ 1.0$에 대해 주어져 있다.

모멘트와 처짐 계수는 다음 조합에 대해서 제시된다.

$D_{11}/D_{22} = 0.5,\ 2.0,\ 4.0,\ 10.0$

$D_{12}/D_{11} = 0.15,\ 0.3$ 그리고 $D_{66}/D_{22} = 0.1,\ 0.3,\ 0.6,\ 1.0$

(5) D_{11} / D_{22} 와 a / b 에 대한 계수 α, β_x, β_y 는 이 설계지침서 표 12.2~표 12.39에 제시되어 있다.

표 12.2 판의 설계계수(지지조건 : 단순지지, 재하하중 : 종류별 하중, 사용재료 : 판의 유형 I)

D_{11}/D_{22} = 1.0 a/b = 0.25/0.5/0.75/1.0

a/b		0.25		0.5		0.75		1.0	
프와송비		0.15	0.3	0.15	0.3	0.15	0.3	0.15	0.3
등분포 하중	α/0.01	0.321	0.321	0.506	0.506	0.497	0.497	0.406	0.406
	β_x/0.01	12.3	12.3	9.91	10.1	6.67	7 15	4.23	4.79
	β_y/0.01	2.03	3.87	3.19	4.64	4.10	5.03	4.23	4.79
부분등분포 하중	α/0.01	0.0158	0.0158	0.0160	0.0160	0.0142	0.0142	0.0114	0.0114
	β_x/0.01	0.939	0.996	0.540	0.584	0.357	0.395	0.250	0.283
	β_y/0.01	0.509	0.642	0.370	0.444	0.298	0.346	0.250	0.283
삼각형등분포 하중	α/0.01	0.208	0.208	0.272	0.272	0.254	0.254	0.205	0.205
	β_x/0.01	8.08	8.21	5.36	5.60	3.43	3.73	2.14	2.45
	β_y/0.01	3.12	3.97	2.880	3.52	2.69	3.10	2.44	2.69

표 12.3 판의 설계계수(지지조건 : 고정, 재하하중 : 종류별 하중, 사용재료 : 판의 유형 I)

D_{11}/D_{22} = 1.0 a/b = 0.25/0.5/0.75/1.0

a/b		0.25		0.5		0.75		1.0	
프와송비		0.15	0.13	0.15	0.3	0.15	0.3	0.15	0.3
등분포 하중	α/0.01	0.402	0.0497	0.125	0.119	0.14	0.146	0.126	0.126
	β_x/0.01	11 1	-12.0	-9.62	-9.62	-6.61	-5.36	-4.58	-4.60
	β_y/0.01	-11.4	-5.81	-3.54	-3.54	-2.11	-5.47	-4.58	-4.60
부분등분포 하중	α/0.01	0.0068	0.0061	0.0068	0.0067	0.0066	0.0065	0.0053	0.0053
	β_x/0.013	-0.729	-0.673	-0.406	-0.393	0.332	-0.310	-0.201	0.194
	β_y/0.013	0.307	0.359	-0.169	0.297	0.291	0.255	-0.201	0.194
삼각형등분포 하중	α/0.01	0.106	0.0487	0.0772	0.0773	0.0887	0.0849	0.0693	0.0693
	β_x/0.01	-12.8	-5.95	-4.51	-4.52	-3.28	-3.36	-2.21	-2.24
	β_y/0.01	-20.8	-6.95	-2.30	-2.26	-1 13	-3.34	-2.99	-2.90

표 12.4 판의 설계계수(지지조건 : 단순지지, 재하하중 : 등분포하중, 사용재료 : 판의 유형 II)

D_{16}/D_{11} = D_{26}/D_{11} = 0.0 a/b = 0.25

D_{66}/D_{22}	D_{11}/D_{22}	0.5		2.0		4.0		10.0	
	D_{12}/D_{11}	0.15	0.3	0.15	0.3	0.15	0.3	0.15	0.3
0.1	α/0.01	0.665	0.659	0.163	0.163	0.081	0.081	0.032	0.032
	β_x/0.01	12.7	12.7	12.5	12.5	12.5	12.5	12.5	12.6
	β_y/0.01	2.06	4.04	1.88	3.79	1.90	3.78	1.91	3.78
0.3	α/0.01	0.63	0.622	0.163	0.162	0.081	0.081	0.032	0.032
	β_x/0.01	12.1	12.0	12.5	12.5	12.5	12.5	12.5	12.5
	β_y/0.01	2.32	4.12	1.91	3.80	1.90	3.78	1.90	3.78
0.6	α/0.01	0.572	0.565	0.161	0.160	0.081	0.081	0.0326	0.0325
	β_x/0.01	11.0	10.9	12.4	12.3	12.5	12.5	12.5	12.5
	β_y/0.01	2.33	3.95	1.94	3.79	1.91	3.78	1.907	3.77
1.0	α/0.01	0.505	0.499	0.158	0.156	0.080	0.080	0.0325	0.032
	β_x/0.01	9.68	9.63	12.1	12.0	12.4	12.4	12.5	12.5
	β_y/0.01	2.19	3.60	1.94	3.73	1.91	3.76	1.90	3.77

표 12.5 판의 설계계수(지지조건 : 단순지지, 재하하중 : 등분포하중, 사용재료 : 판의 유형 II)

D_{16}/D_{11} = D_{26}/D_{11} = 0.0 a/b = 0.5

D_{66}/D_{22}	D_{11}/D_{22}	0.5		2.0		4.0		10.0	
	D_{12}/D11	0.15	0.3	0.15	0.3	0.15	0.3	0.15	0.3
0.1	α/0.01	1 14	1.08	0.331	0.313	0.166	0.158	0.06571	0.0631
	β_x/0.01	11.2	11.0	12.9	12.5	12.9	12.5	12.6	12.4
	β_y/0.01	6.06	7.311	2.68	4.416	2.15	3.95	1.93	3.73
0.3	α/0.01	0.890	0.854	0.307	0.291	0.161	0.152	0.651	0.0624
	β_x/0.01	8.69	8.58	12.0	11.6	12.5	12.1	12.5	12.2
	β_y/0.01	4.71	5.73	2.58	4.17	2.14	3.85	1.934	3.69
0.6	α/0.01	0.666	0.646	0.276	0.263	0.152	0.145	0.0640	0.0613
	β_x/0.01	6.43	6.42	10.8	10.5	11.9	11.5	12.4	12.0
	β_y/0.01	3.53	4.33	2.40	3.82	2.09	3.70	1.92	3.64
1.0	α/0.01	0.498	0.487	0.243	0.233	0.142	0.136	0.0626	0.0597
	β_x/0.01	4.75	4.78	9.51	9.32	11.1	10.8	12.1	11.8
	β_y/0.01	2.64	3.26	2.17	3.42	2.00	3.49	1.90	3.56

표 12.6 판의 설계계수(지지조건 : 단순지지, 재하하중 : 등분포하중, 사용재료 : 판의 유형 Ⅱ)

D_{16}/D_{11} = D_{26}/D_{11} = 0.0 a/b = 0.75

D_{66}/D_{22}	D_{11}/D_{22}	0.5		2.0		4.0		10.0	
	D_{12}/D_{11}	0.15	0.3	0.15	0.3	0.15	0.3	0.15	0.3
0.1	$\alpha/0.01$	1.08	1.0108	0.419	0.375	0.228	0.202	0.0946	0.0838
	$\beta_x/0.01$	7.35	7.32	11.4	10.8	12.3	11.5	12.6	11.8
	$\beta_y/0.01$	8.43	8.75	4.13	5.11	2.94	4.16	2.18	3.57
0.3	$\alpha/0.01$	0.773	0.733	0.362	0.329	0.210	0.188	0.091	0.0814
	$\beta_x/0.01$	5.13	5.226	9.84	9.49	11.3	10.7	12.2	11.4
	$\beta_y/0.01$	5.87	6.232	3.55	4.46	2.72	3.87	2.12	3.47
0.6	$\alpha/0.01$	0.538	0.518	0.301	0.277	0.188	0.170	0.087	0.0779
	$\beta_x/0.01$	3.50	3.62	8.11	7.95	10.1	9.71	11.6	10.9
	$\beta_y/0.01$	4.00	4.31	2.93	3.74	2.44	3.50	2.04	3.33
1.0	$\alpha/0.01$	0.382	0.372	0.245	0.229	0.164	0.150	0.082	0.0736
	$\beta_x/0.01$	2.44	2.55	6.55	6.52	8.86	8.59	10.9	10.4
	$\beta_y/0.01$	2.79	3.04	2.38	3.08	2.15	3.11	1.93	3.15

표 12.7 판의 설계계수(지지조건 : 단순지지, 재하하중 : 등분포하중, 사용재료 : 판의 유형 Ⅱ)

D_{16}/D_{11} = D_{26}/D_{11} = 0.0 a/b = 1.0

D_{66}/D_{22}	D_{11}/D_{22}	0.5		2.0		4.0		10.0	
	D_{12}/D_{11}	0.15	0.3	0.15	0.3	0.15	0.3	0.15	0.3
0.1	$\alpha/0.01$	0.795	0.740	00.4079	0.353	0.245	0.207	0.110	0.0917
	$\beta_x/0.01$	4.13	4.35	8.79	8.52	10.6	9.93	11.8	10.7
	$\beta_y/0.01$	8.03	7.94	4.82	5.14	3.48	4.09	2.41	3.301
0.3	$\alpha/0.01$	0.569	0.540	0.339	0.300	0.218	0.187	0.105	0.0877
	$\beta_x/0.01$	2.90	3.12	7.24	7 18	9.39	8.96	11 1	10.2
	$\beta_y/0.01$	5.65	5.71	3.96	4.33	3.090	3.69	2.28	3.15
0.6	$\alpha/0.01$	0.398	0.384	0.270	0.245	0.187	0.164	0.0973	0.0822
	$\beta_x/0.01$	1.98	2.17	5.71	5.80	8.01	7.80	10.3	9.64
	$\beta_y/0.01$	3.88	3.98	3.12	3.49	2.63	3.21	2.11	2.95
1.0	$\alpha/0.01$	0.284	0.276	0.212	0.196	0.158	0.141	0.0887	0.0760
	$\beta_x/0.01$	1.39	1.53	4.43	4.59	6.69	6.64	9.40	8.89
	$\beta_y/0.01$	2.71	2.81	2.42	2.76	2.20	2.74	1.92	2.72

표 12.8 판의 설계계수(지지조건 : 단순지지, 재하하중 : 부분등분포하중, 사용재료 : 판의 유형 Ⅱ)

D_{16}/D_{11} = D_{26}/D_{11} = 0.0 a/b = 0.25

D_{66}/D_{22}	D_{11}/D_{22}	0.5		2.0		4.0		10.0	
	D_{12}/D_{11}	0.15	0.3	0.15	0.3	0.15	0.3	0.15	0.3
0.1	α/0.01	0.0322	0.0311	0.0111	0.0103	0.00632	0.00575	0.00289	0.00255
	β_x/0.01	0.958	0.973	1.29	1.31	1.47	1.48	1.69	1.68
	β_y/0.01	0.794	0.889	0.546	0.665	0.457	0.587	0.371	0.517
0.3	α/0.01	0.0272	0.0265	0.0101	0.00955	0.00592	0.00546	0.00278	0.00248
	β_x/0.01	0.819	0.836	1.18	1.213	1.38	1.40	1.63	1.633
	β_y/0.01	0.634	0.726	0.484	0.603	0.421	0.552	0.355	0.501
0.6	α/0.01	0.0226	0.0221	0.00906	0.00864	0.00546	0.00509	0.00265	0.00238
	β_x/0.01	0.690	0.707	1.07	1.09	1.28	1.30	1.55	1.56
	β_y/0.01	0.496	0.581	0.417	0.534	0.378	0.509	0.334	0.481
1.0	α/0.01	0.0187	0.0184	0.00805	0.00775	0.00498	0.00469	0.00249	0.00227
	β_x/0.01	0.583	0.597	0.959	0.989	1.17	1.20	1.46	1.49
	β_y/0.01	0.392	0.467	0.356	0.468	0.336	0.464	0.311	0.457

표 12.9 판의 설계계수(지지조건 : 단순지지, 재하하중 : 부분등분포하중, 사용재료 : 판의 유형 Ⅱ)

D_{16}/D_{11} = D_{26}/D_{11} = 0.0 a/b = 0.5

D_{66}/D_{22}	D_{11}/D_{22}	0.5		2.0		4.0		10.0	
	D_{12}/D_{11}	0.15	0.3	0.15	0.3	0.15	0.3	0.15	0.3
0.1	α/0.01	0.0339	0.0322	0.119	0.0110	0.00685	0.00622	0.00322	0.00282
	β_x/0.01	0.557	0.568	0.789	0.813	0.922	0.952	1.11	0.150
	β_y/0.01	0.566	0.616	0.393	0.459	0.334	0.406	0.275	0.356
0.3	α/0.01	0.0265	0.0255	0.0107	0.0100	0.00641	0.00587	0.00310	0.00274
	β_x/0.01	0.452	0.466	0.718	0.745	0.864	0.899	1.07	1.11
	β_y/0.01	0.458	0.504	0.351	0.417	0.309	0.382	0.263	0.344
0.6	α/0.01	0.0201	0.019	0.00947	0.00894	0.00587	0.00543	0.00294	0.00262
	β_x/0.01	0.358	0.373	0.637	0.666	0.793	0.832	1.017	1.06
	β_y/0.01	0.362	0.402	0.305	0.368	0.278	0.351	0.247	0.329
1.0	α/0.01	0.0152	0.0149	0.00818	0.00779	0.00530	0.00495	0.00276	0.00249
	β_x/0.01	0.286	0.299	0.557	0.587	0.720	0.760	0.955	1.00
	β_y/0.01	0.287	0.321	0.262	0.321	0.248	0.318	0.229	0.311

표 12.10 판의 설계계수(지지조건 : 단순지지, 재하하중 : 부분등분포하중, 사용재료 : 판의 유형 II)

$D_{16}/D_{11} = D_{26}/D_{11} = 0.0$ a/b = 0.75

D_{66}/D_{22}	D_{11}/D_{22}	0.5		2.0		4.0		10.0	
	D_{12}/D_{11}	0.15	0.3	0.15	0.3	0.15	0.3	0.15	0.3
0.1	$\alpha/0.01$	0.0297	0.0277	0.0121	0.0109	0.00708	0.00627	0.00333	0.00287
	$\beta_x/0.01$	0.365	0.376	0.574	0.590	0.680	0.705	0.837	0.875
	$\beta_y/0.01$	0.473	0.496	0.317	0.359	0.265	0.314	0.217	0.272
0.3	$\alpha/0.01$	0.0216	0.0206	0.0105	0.00965	0.00651	0.00582	0.00319	0.00277
	$\beta_x/0.01$	0.284	0.298	0.509	0.531	0.631	0.661	0.804	0.846
	$\beta_y/0.01$	0.371	0.395	0.282	0.323	0.245	0.293	0.208	0.263
0.6	$\alpha/0.01$	0.0154	0.0149	0.00887	0.00821	0.00582	0.00526	0.00301	0.00263
	$\beta_x/0.01$	0.219	0.232	0.439	0.464	0.571	0.605	0.759	0.805
	$\beta_y/0.01$	0.287	0.309	0.244	0.282	0.221	0.268	0.195	0.250
1.0	$\alpha/0.01$	0.0113	0.0110	0.00731	0.00686	0.00510	0.00467	0.00279	0.00247
	$\beta_x/0.01$	0.172	0.184	0.374	0.400	0.509	0.545	0.708	0.758
	$\beta_y/0.01$	0.226	0.245	0.207	0.243	0.196	0.241	0.181	0.236

표 12.11 판의 설계계수(지지조건 : 단순지지, 재하하중 : 부분등분포하중, 사용재료 : 판의 유형 II)

$D_{16}/D_{11} = D_{26}/D_{11} = 0.0$ a/b = 1.0

D_{66}/D_{22}	D_{11}/D_{22}	0.5		2.0		4.0		10.0	
	D_{12}/D_{11}	0.15	0.3	0.15	0.3	0.15	0.3	0.15	0.3
0.1	$\alpha/0.01$	0.0218	0.0204	0.0111	0.00980	0.00693	0.00591	0.00335	0.00278
	$\beta_x/0.01$	0.243	0.257	0.433	0.449	0.534	0.555	0.673	0.706
	$\beta_y/0.01$	0.392	0.403	0.275	0.298	0.227	0.257	0.182	0.220
0.3	$\alpha/0.01$	0.0160	0.0152	0.00942	0.00842	0.00621	0.00539	0.00318	0.00266
	$\beta_x/0.01$	0.191	0.2057	0.377	0.399	0.489	0.514	0.642	0.679
	$\beta_y/0.01$	0.306	0.320	0.241	0.265	0.208	0.239	0.173	0.212
0.6	$\alpha/0.01$	0.0115	0.0111	0.00763	0.00697	0.00539	0.00476	0.00295	0.00250
	$\beta_x/0.01$	0.149	0.161	0.320	0.344	0.435	0.466	0.602	0.644
	$\beta_y/0.01$	0.237	0.250	0.205	0.229	0.186	0.216	0.162	0.201
1.0	$\alpha/0.01$	0.00842	0.00822	0.006111	0.00569	0.00458	0.00412	0.00269	0.00232
	$\beta_x/0.01$	0.117	0.127	0.269	0.294	0.382	0.415	0.556	0.603
	$\beta_y/0.01$	0.186	0.198	0.173	0.196	0.163	0.193	0.150	0.188

표 12.12 판의 설계계수(지지조건 : 단순지지, 재하하중 : 삼각형등분포하중, 사용재료 : 판의 유형 II)

$D_{16}/D_{11} = D_{26}/D_{11} = 0.0$ a/b = 0.25

D_{66}/D_{22}	D_{11}/D_{22}	0.5		2.0		4.0		10.0	
	D_{12}/D_{11}	0.15	0.3	0.15	0.3	0.15	0.3	0.15	0.3
0.1	α/0.01	0.450	0.436	0.122	0.118	0.0612	0.0593	0.0242	0.0237
	β_x/0.01	8.78	8.64	9.62	9.39	9.61	9.41	9.51	9.39
	β_y/0.01	5.41	5.96	3.29	4.09	2.60	3.51	2.02	3.0650
0.3	α/0.01	0.386	0.377	0.116	0.113	0.060	0.0581	0.0241	0.0235
	β_x/0.01	7.46	7.39	9.15	8.96	9.41	9.22	9.47	9.33
	β_y/0.01	4.12	4.65	2.87	3.66	2.38	3.29	1.94	2.97
0.6	α/0.01	0.323	0.317	0.109	0.106	0.058	0.0564	0.0239	0.0232
	β_x/0.01	6.18	6.15	8.54	8.40	9.11	8.937	9.382	9.23
	β_y/0.01	3.06	3.540	2.42	3.18	2.13	3.0167	1.83	2.85
1.0	α/0.01	0.268	0.264	0.101	0.0988	0.0558	0.0542	0.0235	0.0229
	β_x/0.01	5.08	5.08	7.87	7 77	8.72	8.57	9.24	9.09
	β_y/0.01	2.30	2.70	2.028	2.73	1.88	2.72	1.72	2.71

표 12.13 판의 설계계수(지지조건 : 단순지지, 재하하중 : 삼각형등분포하중, 사용재료 : 판의 유형 II)

$D_{16}/D_{11} = D_{26}/D_{11} = 0.0$ a/b = 0.5

D_{66}/D_{22}	D_{11}/D_{22}	0.5		2.0		4.0		10.0	
	D_{12}/D_{11}	0.15	0.3	0.15	0.3	0.15	0.3	0.15	0.3
0.1	α/0.01	0.603	0.571	0.192	0.178	0.100	0.092	0.0407	0.0377
	β_x/0.01	5.95	5.87	7.77	7.48	8.15	7.77	8.23	7.84
	β_y/0.01	5.17	5.52	3.05	3.64	2.35	3.06	1.77	2.62
0.3	α/0.01	0.464	0.444	0.174	0.163	0.0952	0.0884	0.039	0.0370
	β_x/0.01	4.52	4.51	6.99	6.79	7.69	7.38	8.05	7.68
	β_y/0.01	3.87	4.20	2.62	3.21	2.14	2.84	1.70	2.53
0.6	α/0.01	0.344	0.333	0.153	0.144	0.0884	0.0826	0.0386	0.0359
	β_x/0.01	3.30	3.34	6.10	5.97	7 10	6.86	7.79	7.46
	β_y/0.01	2.81	3.08	2.18	2.73	1.89	2.57	1.60	2.41
1.0	α/0.01	0.256	0.250	0.132	0.126	0.0809	0.0761	0.0371	0.0346
	β_x/0.01	2.42	2.46	5.22	5.16	6.45	6.28	7.47	7 18
	β_y/0.01	2.05	2.27	1.79	2.29	1.64	2.29	1.49	2.28

표 12.14 판의 설계계수(지지조건 : 단순지지, 재하하중 : 삼각형등분포하중, 사용재료 : 판의 유형 II)

$D_{16}/D_{11} = D_{26}/D_{11} = 0.0$ a/b = 0.75

D_{66}/D_{22}	D_{11}/D_{22}	0.5		2.0		4.0		10.0	
	D_{12}/D_{11}	0.15	0.3	0.15	0.3	0.15	0.3	0.15	0.3
0.1	$\alpha/0.01$	0.54	0.511	0.218	0.195	0.121	0.107	0.0517	0.0451
	$\beta_x/0.01$	3.68	3.71	6.08	5.86	6.83	6.45	7.30	6.77
	$\beta_y/0.01$	4.87	4.96	2.95	3.27	2.26	2.70	1.66	2.23
0.3	$\alpha/0.01$	0.392	0.372	0.188	0.170	0.111	0.099	0.0497	0.0436
	$\beta_x/0.01$	2.59	2.66	5.20	5.08	6.23	5.95	7.00	6.54
	$\beta_y/0.01$	3.56	3.68	2.50	2.83	2.03	2.46	1.577	2.14
0.6	$\alpha/0.01$	0.273	0.263	0.156	0.143	0.0991	0.0893	0.0471	0.0416
	$\beta_x/0.01$	1 78	1.86	4.27	4.24	5.50	5.32	6.61	6.22
	$\beta_y/0.01$	2.54	2.65	2.04	2.34	1 76	2.18	1.46	2.0155
1.0	$\alpha/0.01$	0.195	0.189	0.126	0.118	0.0864	0.0789	0.0440	0.0392
	$\beta_x/0.01$	1.24	1.31	3.43	3.46	4.76	4.67	6.14	5.84
	$\beta_y/0.01$	1.83	1.92	1.63	1.91	1.49	1.89	1.33	1.87

표 12.15 판의 설계계수(지지조건 : 단순지지, 재하하중 : 삼각형등분포하중, 사용재료 : 판의 유형 II)

$D_{16}/D_{11} = D_{26}/D_{11} = 0.0$ a/b = 1.0

D_{66}/D_{22}	D_{11}/D_{22}	0.5		2.0		4.0		10.0	
	D_{12}/D_{11}	0.15	0.3	0.15	0.3	0.15	0.3	0.15	0.3
0.1	$\alpha/0.01$	0.398	0.371	0.207	0.179	0.126	0.106	0.0581	0.0478
	$\beta_x/0.01$	2.05	2.18	4.49	4.42	5.55	5.28	6.42	5.91
	$\beta_y/0.01$	4.26	4.21	2.81	2.91	2.15	2.38	1.55	1.91
0.3	$\alpha/0.01$	0.286	0.271	0.172	0.153	0.112	0.0965	0.0550	0.0457
	$\beta_x/0.01$	1.45	1.58	3.71	3.74	4.91	4.76	6.06	5.63
	$\beta_y/0.01$	3.12	3.14	2.34	2.48	1.91	2.14	1.45	1.82
0.6	$\alpha/0.01$	0.201	0.193	0.137	0.124	0.0965	0.0845	0.0508	0.0428
	$\beta_x/0.01$	1.00	1 11	2.93	3.02	4.19	4.14	5.58	5.25
	$\beta_y/0.01$	2.23	2.27	1.87	2.02	1.62	1.87	1.33	1.69
1.0	$\alpha/0.01$	0.143	0.140	0.108	0.100	0.0812	0.0725	0.0462	0.0395
	$\beta_x/0.01$	0.709	0.794	2.28	2.40	3.49	3.52	5.04	4.83
	$\beta_y/0.01$	1.61	1.66	1.47	1.62	1.35	1.59	1 19	1.55

표 12.16 판의 설계계수(지지조건 : 고정, 재하하중 : 등분포하중, 사용재료 : 판의 유형 II)

D_{16}/D_{11} = D_{26}/D_{11} = 0.0 　 a/b = 0.25

D_{66}/D_{22}	D_{11}/D_{22}	0.5		2.0		4.0		10.0	
	D_{12}/D_{11}	0.15	0.3	0.15	0.3	0.15	0.3	0.15	0.3
0.1	α/0.01	0.194	0.193	0.0539	0.0548	0.0295	0.029	0.0134	0.0129
	β_x/0.01	-12.2	-12.2	-13.6	-13.7	-14.9	-14.9	-16.9	-16.3
	β_y/0.01	-4.92	-4.41	-4.82	-4.13	-3.46	-4.49	-2.54	-4.91
0.3	α/0.01	0.186	0.186	0.0528	0.0531	0.0290	0.028	0.013	0.0127
	β_x/0.01	-11.7	-11.6	-13.3	-13.3	-14.6	-14.6	-16.7	-16.1
	β_y/0.01	-3.93	-3.54	-4.39	-4.01	-3.26	-4.38	-2.51	-4.84
0.6	α/0.01	0.179	0.195	0.0513	0.0512	0.0282	0.028	0.0129	0.0125
	β_x/0.01	-11.0	-11.2	-12.9	-12.9	-14.3	-14.1	-16.4	-15.8
	β_y/0.01	-1.69	15.1	-3.94	-3.88	-3.01	-4.25	-2.46	-4.75
1.0	α/0.01	0.156	0.160	0.0496	0.0494	0.0274	0.0271	0.0126	0.0122
	β_x/0.01	-11.2	-10.7	-12.5	-12.4	-13.9	-13.7	-16.0	-15.4
	β_y/0.01	-12.2	-7.62	-3.53	-3.74	-2.75	-4.12	-2.40	-4.64

표 12.17 판의 설계계수(지지조건 : 고정, 재하하중 : 등분포하중, 사용재료 : 판의 유형 II)

D_{16}/D_{11} = D_{26}/D_{11} = 0.0 　 a/b = 0.5

D_{66}/D_{22}	D_{11}/D_{22}	0.5		2.0		4.0		10.0	
	D_{12}/D_{11}	0.15	0.3	0.15	0.3	0.15	0.3	0.15	0.3
0.1	α/0.01	0.297	0.291	0.0868	0.0854	0.046	0.0454	0.0189	0.00961
	β_x/0.01	-9.47	-9.35	-11.3	-10.4	-11 1	-13.7	-11.3	-17.3
	β_y/0.01	-5.99	-5.93	-2.52	-3.17	-1.73	-4.12	-3.19	-5.19
0.3	α/0.01	0.271	0.266	0.084	0.0830	0.0453	0.045	0.019	-0.0247
	β_x/0.01	-8.69	-8.56	-10.9	-10.4	-7.63	-10.3	-11.5	-10.4
	β_y/0.01	-5.53	-5.48	-2.42	-3.15	-1.87	-3.11	-2.37	-18.4
0.6	α/0.01	0.239	0.236	0.0810	0.0796	0.044	0.0436	0.0188	0.0233
	β_x/0.01	-7.73	-7.65	-10.1	-10.0	-11.63	-10.8	-11.5	-18.7
	β_y/0.01	-4.99	-4.94	-2.27	-3.04	-1.75	-3.27	-1.93	-5.62
1.0	α/0.01	0.207	0.205	0.0769	0.0756	0.0427	0.0423	0.0185	0.0195
	β_x/0.01	-6.81	-6.72	-9.92	-9.71	-11.0	-10.8	-11 1	-10.7
	β_y/0.01	-4.43	-4.38	-2.13	-2.93	-1.67	-3.25	-1.70	-3.23

표 12.18 판의 설계계수(지지조건 : 고정, 재하하중 : 등분포하중, 사용재료 : 판의 유형 II)

$D_{16}/D_{11} = D_{26}/D_{11} = 0.0$ a/b = 0.75

D_{66}/D_{22}	D_{11}/D_{22}	0.5		2.0		4.0		10.0	
	D_{12}/D_{11}	0.15	0.3	0.15	0.3	0.15	0.3	0.15	0.3
0.1	$\alpha/0.01$	0.292	0.286	0.106	0.102	0.0593	0.056	0.0253	0.025
	$\beta_x/0.01$	-6.41	-6.21	-9.10	-8.81	-9.76	-9.55	-10.7	-10.6
	$\beta_y/0.01$	-6.93	-6.92	-2.86	-2.86	-1.98	-2.88	-1.61	-3.20
0.3	$\alpha/0.01$	0.266	0.260	0.101	0.0982	0.0564	0.0561	0.0254	0.0245
	$\beta_x/0.01$	5.31	5.43	-8.66	-8.39	-9.73	9.46	-10.3	7.96
	$\beta_y/0.01$	-7.06	-2.97	-2.73	-2.80	-1.65	-2.78	-1.57	-2.09
0.6	$\alpha/0.01$	0.263	0.273	0.0983	0.0912	0.0544	0.0517	0.0249	0.0241
	$\beta_x/0.01$	11.4	14.1	-7.63	-7.52	-9.33	-9.12	-10.2	-10.0
	$\beta_y/0.01$	-10.5	-13.6	-3.548	-2.13	-1.56	-2.71	-1.54	-3.02
1.0	$\alpha/0.01$	-0.142	-0.0903	0.0886	0.08631	0.0527	0.0538	0.0229	0.0238
	$\beta_x/0.01$	-62.2	-47.4	-7 11	-6.92	-8.29	11.6	-10.6	11.0
	$\beta_y/0.01$	-31.0	18.4	-2.86	-2.73	-1.81	-2.96	-1.56	-2.89

표 12.19 판의 설계계수(지지조건 : 고정, 재하하중 : 등분포하중, 사용재료 : 판의 유형 II)

$D_{16}/D_{11} = D_{26}/D_{11} = 0.0$ a/b = 1.0

D_{66}/D_{22}	D_{11}/D_{22}	0.5		2.0		4.0		10.0	
	D_{12}/D_{11}	0.15	0.3	0.15	0.3	0.15	0.3	0.15	0.3
0.1	$\alpha/0.01$	0.213	0.207	0.107	0.101	0.0650	0.0614	0.0300	0.283
	$\beta_x/0.01$	-3.67	-3.58	-6.96	-6.53	-8.29	-7 74	-9.13	10.8
	$\beta_y/0.01$	-6.85	-6.72	-3.73	-4.12	-2.40	-2.34	-1.38	-2.33
0.3	$\alpha/0.01$	0.186	0.182	0.100	0.0956	0.0623	0.058	0.0295	0.0275
	$\beta_x/0.01$	-3.26	-3.19	-6.50	-6.39	-7.98	-7.43	-8.85	-8.47
	$\beta_y/0.01$	-6.08	-5.98	-3.47	-3.35	-2.31	-2.25	-1.34	-2.54
0.6	$\alpha/0.01$	0.157	0.154	0.0913	0.0874	0.0587	0.0556	0.0286	0.0260
	$\beta_x/0.01$	-2.79	-2.81	-5.97	-5.79	-7.55	-7.02	7.96	-7.70
	$\beta_y/0.01$	-5.26	-5.10	-3.19	-3.09	-2.19	-2.16	-1 19	-2.32
1.0	$\alpha/0.01$	0.131	0.129	0.0816	0.0785	0.0546	0.0518	0.0276	0.0262
	$\beta_x/0.01$	-2.39	-2.35	-5.41	-5.23	-7.06	-6.91	-8.74	9.87
	$\beta_y/0.01$	-4.44	-4.39	-2.89	-2.81	-2.05	-2.08	-1.32	1.12

표 12.20 판의 설계계수(지지조건 : 고정, 재하하중 : 부분등분포하중, 사용재료 : 판의 유형 II)

$D_{16}/D_{11} = D_{26}/D_{11} = 0.0$ $a/b = 0.25$

D_{66}/D_{22}	D_{11}/D_{22}	0.5		2.0		4.0		10.0	
	D_{12}/D_{11}	0.15	0.3	0.15	0.3	0.15	0.3	0.15	0.3
0.1	$\alpha/0.01$	0.00867	0.00850	0.00298	0.00279	0.00166	0.00153	0.00075	-0.00069
	$\beta_x/0.015$	-0.591	-0.584	-0.797	-0.757	-0.880	-0.828	-0.993	-0.932
	$\beta_y/0.015$	-0.314	-0.344	-0.119	-0.227	-0.132	-0.248	-0.149	-0.279
0.3	$\alpha/0.01$	0.00832	0.00817	0.00291	0.00278	0.00164	0.00154	0.000751	0.000698
	$\beta_x/0.015$	-0.569	-0.561	-0.779	-0.752	-0.869	-0.829	-0.983	-0.930
	$\beta_y/0.015$	-0.305	-0.357	-0.117	-0.225	-0.130	-0.249	-0.147	-0.279
0.6	$\alpha/0.01$	0.00770	0.00680	0.0027	0.00271	0.00159	0.00152	0.0007384	0.000695
	$\beta_x/0.015$	-0.532	-0.476	-0.751	-0.733	-0.849	-0.821	-0.968	-0.925
	$\beta_y/0.015$	-0.373	-1 16	-0.112	-0.220	-0.127	-0.246	-0.145	-0.277
1.0	$\alpha/0.01$	0.00754	0.00734	0.00264	0.00259	0.00154	0.00148	0.000721	0.000686
	$\beta_x/0.015$	-0.512	-0.505	-0.715	-0.704	-0.821	-0.801	-0.949	-0.915
	$\beta_y/0.015$	0.09298	-0.152	-0.107	-0.211	-0.123	-0.240	-0.142	-0.274

표 12.21 판의 설계계수(지지조건 : 고정, 재하하중 : 부분등분포하중, 사용재료 : 판의 유형 II)

$D_{16}/D_{11} = D_{26}/D_{11} = 0.0$ $a/b = 0.5$

D_{66}/D_{22}	D_{11}/D_{22}	0.5		2.0		4.0		10.0	
	D_{12}/D_{11}	0.15	0.3	0.15	0.3	0.15	0.3	0.15	0.3
0.1	$\alpha/0.01$	0.0111	0.0109	0.00341	0.00331	0.00187	0.00173	0.000944	0.00133
	$\beta_x/0.015$	-0.391	-0.375	-0.476	-0.481	-0.532	-0.571	-0.676	0.919
	$\beta_y/0.015$	-0.257	-0.262	-0.136	-0.145	-0.110	-0.202	-0.101	-0.213
0.3	$\alpha/0.01$	0.0109	0.0100	0.00333	0.00325	0.00185	0.00176	0.000914	0.00295
	$\beta_x/0.015$	-0.348	-0.351	-0.468	-0.462	-0.563	-0.523	-0.647	1.588
	$\beta_y/0.015$	-0.245	-0.245	-0.130	-0.138	-0.103	-0.157	-0.0971	0.787
0.6	$\alpha/0.01$	0.00906	0.00894	0.0033	0.00315	0.00182	0.00175	0.000896	0.000637
	$\beta_x/0.015$	-0.322	-0.304	0.796	-0.468	-0.506	-0.496	-0.630	0.516
	$\beta_y/0.015$	-0.224	-0.222	-0.118	-0.140	-0.101	-0.149	-0.0945	-0.161
1.0	$\alpha/0.01$	0.00790	0.00781	0.00307	0.00301	0.00178	0.00171	0.000879	0.000795
	$\beta_x/0.015$	-0.282	-0.281	-0.428	-0.413	-0.499	-0.477	-0.617	-0.574
	$\beta_y/0.015$	-0.202	-0.202	-0.115	-0.124	-0.097	-0.145	-0.0926	-0.172

표 12.22 판의 설계계수(지지조건 : 고정, 재하하중 : 부분등분포하중, 사용재료 : 판의 유형 II)

$D_{16}/D_{11} = D_{26}/D_{11} = 0.0$ a/b = 0.75

D_{66}/D_{22}	D_{11}/D_{22}	0.5		2.0		4.0		10.0	
	D_{12}/D_{11}	0.15	0.3	0.15	0.3	0.15	0.3	0.15	0.3
0.1	$\alpha/0.01$	0.00930	0.00916	0.00377	0.00384	0.00169	0.00189	0.000814	0.000757
	$\beta_x/0.015$	-0.0538	-.00039	0.175	0.409	-0.417	0.109	-0.227	-0.122
	$\beta_y/0.015$	-0.319	-0.262	-0.164	-0.202	-0.061	-0.113	-0.118	-0.111
0.3	$\alpha/0.01$	0.00766	0.00605	0.00353	0.00341	0.00218	0.00154	0.000977	0.000706
	$\beta_x/0.015$	-0.0931	-0.0931	0.131	0.160	0.428	-0.494	0.406	-0.684
	$\beta_y/0.015$	-0.173	0.298	-0.165	-0.159	-0.136	-0.116	-0.0523	-1.338
0.6	$\alpha/0.01$	0.00295	0.00126	0.00319	0.00323	0.00197	0.00209	0.000834	0.000765
	$\beta_x/0.015$	-0.673	-0.912	0.0282	0.206	0.178	0.646	-0.0545	-0.131
	$\beta_y/0.015$	0.302	0.642	-0.125	-0.109	-0.110	-0.100	-0.066	-0.132
1.0	$\alpha/0.01$	0.0253	0.0211	0.00291	0.00279	0.00171	0.00167	0.00113	0.000812
	$\beta_x/0.015$	3.97	2.93	0.0491	0.00995	-0.0540	0.210	1.24	0.174
	$\beta_y/0.015$	1.65	-1.46	-0.113	-0.122	-0.0596	-0.080	-0.111	-0.126

표 12.23 판의 설계계수(지지조건 : 고정, 재하하중 : 부분등분포하중, 사용재료 : 판의 유형 II)

$D_{16}/D_{11} = D_{26}/D_{11} = 0.0$ a/b = 1.0

D_{66}/D_{22}	D_{11}/D_{22}	0.5		2.0		4.0		10.0	
	D_{12}/D_{11}	0.15	0.3	0.15	0.3	0.15	0.3	0.15	0.3
0.1	$\alpha/0.01$	0.00784	0.00766	0.00394	0.00371	0.00239	0.00217	0.00111	0.00104
	$\beta_x/0.015$	-0.137	-0.141	-0.284	-0.323	-0.330	-0.287	-0.431	0.450
	$\beta_y/0.015$	-0.267	-0.270	-0.152	-0.179	-0.100	-0.210	-0.064	-0.0832
0.3	$\alpha/0.01$	0.00687	0.00674	0.00369	0.00352	0.00230	0.00216	0.00111	0.00101
	$\beta_x/0.015$	-0.156	-0.129	-0.260	0.248	-0.318	-0.360	0.359	0.354
	$\beta_y/0.015$	-0.229	-0.251	-0.137	-0.139	-0.0965	-0.108	-0.0539	-0.079
0.6	$\alpha/0.01$	0.00585	0.00574	0.00337	0.00323	0.00217	0.00206	0.00108	0.00108
	$\beta_x/0.015$	-0.108	-0.127	-0.242	0.231	-0.304	-0.316	0.496	1 17
	$\beta_y/0.015$	-0.234	-0.178	-0.127	-0.127	-0.0921	-0.094	-0.0484	0.292
1.0	$\alpha/0.01$	0.00489	0.00482	0.00302	0.00291	0.00203	0.00193	0.00104	0.000986
	$\beta_x/0.015$	-0.101	0.103	-0.222	0.213	-0.286	0.289	-0.352	0.424
	$\beta_y/0.015$	-0.173	-0.178	-0.117	-0.117	-0.0869	-0.0877	-0.0559	-0.0660

표 12.24 판의 설계계수(지지조건 : 고정, 재하하중 : 삼각형등분포하중, 사용재료 : 판의 유형 II)

D_{16}/D_{11} = D_{26}/D_{11} = 0.0 a/b = 0.25

D_{66}/D_{22}	D_{11}/D_{22}	0.5		2.0		4.0		10.0	
	D_{12}/D_{11}	0.15	0.3	0.15	0.3	0.15	0.3	0.15	0.3
0.1	α/0.01	0.0494	0.043	0.0244	0.0193	0.0101	0.0088	0.0040	0.0036
	β_x/0.01	-3.08	-2.72	-6.12	-4.92	-5.25	-4.71	-5.35	-5.13
	β_y/0.02	-1.20	1.04	-4.26	-2.84	-2.05	-1.53	-1.07	-0.794
0.3	α/0.01	0.0399	0.0282	0.0225	0.0188	0.0099	0.0088	0.0039	0.0036
	β_x/0.01	-2.48	-1.77	-5.65	-4.76	-5.44	-4.65	-5.28	-5.07
	β_y/0.02	0.674	0.846	-3.744	-2.68	-1.94	-1.50	-1.03	-0.78
0.6	α/0.01	0.0110	-0.184	0.0208	0.0182	0.0096	0.0088	0.0039	0.0036
	β_x/0.01	-0.623	11.3	-5.206	-4.59	-4.98	-4.58	-5.20	-4.99
	β_y/0.02	6.48	50.2	-3.23	-2.49	-1.80	-1.44	-0.987	-0.77
1.0	α/0.01	0.129	0.0827	0.0193	0.0177	0.0094	0.0087	0.0038	0.0036
	β_x/0.01	-9.06	-4.88	-4.83	-4.40	-4.83	-4.50	-5.10	-4.92
	β_y/0.02	-21.2	-10.4	-2.79	-2.29	-1.66	-1.38	-0.932	-0.758

표 12.25 판의 설계계수(지지조건 : 고정, 재하하중 : 삼각형등분포하중, 사용재료 : 판의 유형 II)

D_{16}/D_{11} = D_{26}/D_{11} = 0.0 a/b = 0.5

D_{66}/D_{22}	D_{11}/D_{22}	0.5		2.0		4.0		10.0	
	D_{12}/D_{11}	0.15	0.3	0.15	0.3	0.15	0.3	0.15	0.3
0.1	α/0.01	0.150	0.147	0.0469	0.0459	0.0255	0.0277	-0.0055	0.0041
	β_x/0.01	-4.36	-4.28	-5.36	-5.13	-5.69	7.05	-7.76	-30.1
	β_y/0.02	-4.27	-4.16	-1.56	-1.35	-0.725	1.46	-7.45	6.22
0.3	α/0.01	20.1	0.132	0.0452	0.0444	0.0252	0.0269	0.0009	0.0032
	β_x/0.01	-3.94	-3.91	-5.26	-5.07	-5.44	6.06	-2.80	-12.3
	β_y/0.02	-3.77	-3.68	-1.44	-1.20	-1.57	-0.86	-4.73	-10.4
0.6	α/0.01	0.117	0.115	0.0428	0.0424	0.0247	0.0270	0.0043	0.0098
	β_x/0.01	-3.50	-3.45	-11.5	-4.91	-5.53	6.21	-2.52	4.51
	β_y/0.02	-3.21	-3.13	-1.62	-1.01	-0.428	1.04	-3.25	0.506
1.0	α/0.01	0.100	0.0990	0.0406	0.0402	0.0242	0.0289	0.0060	0.0092
	β_x/0.01	-3.05	-2.98	-4.79	-4.69	-5.52	7.30	-3.41	-4.86
	β_y/0.02	-2.64	-2.56	-1.02	-0.738	-0.666	2.41	-2.45	-0.601

표 12.26 판의 설계계수(지지조건 : 고정, 재하하중 : 삼각형등분포하중, 사용재료 : 판의 유형 II)

$D_{16}/D_{11} = D_{26}/D_{11} = 0.0$ a/b = 0.75

D_{66}/D_{22}	D_{11}/D_{22}	0.5		2.0		4.0		10.0	
	D_{12}/D_{11}	0.15	0.3	0.15	0.3	0.15	0.3	0.15	0.3
0.1	α/0.01	0.150	0.146	0.0567	0.054	0.0316	0.0308	0.0141	0.0138
	β_x/0.01	-2.88	-2.83	-4.54	-4.34	-5.12	-4.81	-5.66	-5.40
	β_y/0.02	-4.86	-4.79	-2.13	-2.06	-1.38	1.49	0.919	1.58
0.3	α/0.01	0.128	0.148	0.053	0.0519	0.0306	0.0294	0.0136	0.0126
	β_x/0.01	-2.77	4.40	-4.29	-4.11	-4.92	-4.64	-5.77	-3.22
	β_y/0.02	-4.47	0.940	-2.01	-1.97	1.24	1.41	0.38	2.69
0.6	α/0.01	0.130	0.134	0.0509	0.0486	0.0295	0.0282	0.0133	0.0134
	β_x/0.01	8.17	6.21	-3.77	-3.75	-4.72	-4.52	-5.52	-5.00
	β_y/0.02	-5.55	-7.02	-2.08	1 77	1 18	1.88	0.852	1.36
1.0	α/0.01	-0.114	-0.0501	0.0509	0.0480	0.0283	0.0267	0.0131	0.0135
	β_x/0.01	-48.9	-24.9	6.33	5.57	-4.15	-3.68	-5.29	5.81
	β_y/0.02	-18.1	10.6	2.83	3.38	1.44	2.15	1 19	0.82

표 12.27 판의 설계계수(지지조건 : 고정, 재하하중 : 삼각형등분포하중, 사용재료 : 판의 유형 II)

$D_{16}/D_{11} = D_{26}/D_{11} = 0.0$ a/b = 1.0

D_{66}/D_{22}	D_{11}/D_{22}	0.5		2.0		4.0		10.0	
	D_{12}/D_{11}	0.15	0.3	0.15	0.3	0.15	0.3	0.15	0.3
0.1	α/0.01	0.107	0.104	0.0552	0.0522	0.0338	0.031	0.0159	0.0148
	β_x/0.01	-1.74	-1.72	2.75	-3.3731	-4.13	-3.86	-4.96	-3.79
	β_y/0.02	-4.05	-4.00	-2.55	-2.5548	-1.64	1.37	-0.880	1.27
0.3	α/0.01	0.0942	0.0922	0.0514	0.0489	0.0323	0.0304	0.0156	0.0146
	β_x/0.01	-1.58	-1.56	-3.21	-3.1157	-3.97	-3.77	-4.81	-4.12
	β_y/0.02	-3.64	-3.50	-2.27	-2.1649	-1.56	-1.44	-0.855	1.39
0.6	α/0.01	0.0798	0.0780	0.0467	0.0447	0.0304	0.0287	0.0151	0.0118
	β_x/0.01	-1.39	-1.33	-2.95	-2.8560	-3.71	-3.57	-4.53	-6.12
	β_y/0.02	-3.00	-3.36	-2.07	-1.9830	-1.46	-1.38	-0.78	-4.43
1.0	α/0.01	0.066	0.0652	0.0417	0.0401	0.0282	0.0267	0.0145	0.0139
	β_x/0.01	-1 16	-1 14	-2.67	-2.5941	-3.55	-3.40	-4.46	4.22
	β_y/0.02	-2.82	-2.74	-1.85	-1.7877	-1.35	-1.26	-0.76	0.824

표 12.28 판의 설계계수(지지조건 : 단순지지, 재하하중 : 등분포하중, 사용재료 : 판의 유형 III)

$D_{16}/D_{11} = D_{26}/D_{11} = 0.35$ a/b = 0.25

D_{66}/D_{22}	D_{11}/D_{22}	0.5		2.0		4.0		10.0	
	D_{12}/D_{11}	0.15	0.3	0.15	0.3	0.15	0.3	0.15	0.3
0.1	$\alpha/0.01$	0.670	0.668	0.104	0.207	-0.143	0.082	0.012	0.208
	$\beta_x/0.01$	12.8	12.7	6.14	22.1	-34.3	13.2	2.49	117.0
	$\beta_y/0.01$	1.51	3.64	-1.84	9.33	-4.54	3.49	1.19	15.9
0.3	$\alpha/0.01$	0.644	0.637	0.338	0.158	0.093	0.057	0.010	0.053
	$\beta_x/0.01$	12.3	12.2	47.0	11.2	15.2	5.80	1.50	25.3
	$\beta_y/0.01$	2.17	4.50	21.4	2.87	1.71	1.03	1.33	4.81
0.6	$\alpha/0.01$	0.586	0.578	0.161	0.161	0.057	0.099	-0.005	0.039
	$\beta_x/0.01$	11.2	11.1	12.1	12.2	6.66	19.3	-6.31	16.6
	$\beta_y/0.01$	2.32	3.98	1.58	3.55	-0.054	5.81	1.67	3.81
1.0	$\alpha/0.01$	0.515	0.509	0.160	0.159	0.143	0.078	0.061	0.034
	$\beta_x/0.01$	9.86	9.80	12.2	12.1	32.1	11.1	26.6	13.8
	$\beta_y/0.01$	2.20	3.64	1.79	3.65	6.43	3.27	0.96	3.48

표 12.29 판의 설계계수(지지조건 : 단순지지, 재하하중 : 등분포하중, 사용재료 : 판의 유형 III)

$D_{16}/D_{11} = D_{26}/D_{11} = 0.35$ a/b =0.5

D_{66}/D_{22}	D_{11}/D_{22}	0.5		2.0		4.0		10.0	
	D_{12}/D_{11}	0.15	0.3	0.15	0.3	0.15	0.3	0.15	0.3
0.1	$\alpha/0.01$	1.31	1.23	0.514	0.748	0.270	0.17	0.107	0.109
	$\beta_x/0.01$	13.0	12.5	41.3	25.8	27.1	10.9	27.3	25.3
	$\beta_y/0.01$	6.71	8.15	4.26	33.4	4.82	2.43	1.59	6.53
0.3	$\alpha/0.01$	0.966	0.921	2.68	0.321	0.560	1.23	0.248	0.113
	$\beta_x/0.01$	9.41	9.22	366.7	10.2	101.9	-1028.4	22.6	26.3
	$\beta_y/0.01$	5.00	6.11	109.6	2.20	21.7	-161.0	5.11	6.79
0.6	$\alpha/0.01$	0.698	0.675	0.310	0.293	-1.23	0.231	0.109	0.137
	$\beta_x/0.01$	6.67	6.64	12.0	11.4	-1059.0	17.1	21.2	44.3
	$\beta_y/0.01$	3.63	4.46	2.02	3.69	27.0	8.25	3.50	9.51
1.0	$\alpha/0.01$	0.512	0.500	0.268	0.255	0.138	0.119	0.111	0.007
	$\beta_x/0.01$	4.82	4.85	10.3	10.0	43.4	3.68	24.0	-7.62
	$\beta_y/0.01$	2.68	3.31	1.97	3.41	-9.18	0.433	3.14	-0.899

표 12.30 판의 설계계수(지지조건 : 단순지지, 재하하중 : 등분포하중, 사용재료 : 판의 유형 III)

D_{16}/D_{11} = D_{26}/D_{11} = 0.35 a/b = 0.75

D_{66}/D_{22}	D_{11}/D_{22}	0.5		2.0		4.0		10.0	
	D_{12}/D_{11}	0.15	0.3	0.15	0.3	0.15	0.3	0.15	0.3
0.1	α/0.01	1.33	1.20	-0.991	-0.154	0.241	11.89	0.258	0.16
	β_x/0.01	9.20	8.79	50.8	-192.8	-14.8	2808.6	161.6	19.1
	β_y/0.01	10.8	10.7	71.6	-104.6	4.29	207.7	1.42	4.93
0.3	α/0.01	0.85	0.799	0.694	0.462	0.006	0.265	0.280	0.145
	β_x/0.01	5.55	5.60	30.9	4.19	-49.7	64.4	14.3	15.9
	β_y/0.01	6.47	6.79	8.66	3.41	6.48	24.3	2.04	4.44
0.6	α/0.01	0.564	0.541	0.399	0.350	0.265	0.333	0.187	0.126
	β_x/0.01	3.59	3.70	10.4	9.85	53.3	32.7	20.8	10.5
	β_y/0.01	4.15	4.47	2.85	4.08	16.5	9.63	2.59	3.73
1.0	α/0.01	0.392	0.381	0.29	0.266	0.265	0.270	0.149	0.087
	β_x/0.01	2.45	2.56	7 71	7.43	9.92	22.3	14.7	-26.8
	β_y/0.01	2.83	3.08	2.35	3.21	0.545	10.0	2.51	1.36

표 12.31 판의 설계계수(지지조건 : 단순지지, 재하하중 : 등분포하중, 사용재료 : 판의 유형 III)

D_{16}/D_{11} = D_{26}/D_{11} = 0.35 a/b = 1.0

D_{66}/D_{22}	D_{11}/D_{22}	0.5		2.0		4.0		10.0	
	D_{12}/D_{11}	0.15	0.3	0.15	0.3	0.15	0.3	0.15	0.3
0.1	α/0.01	0.948	0.859	0.008	0.722	-0.581	0.030	-1.21	0.30
	β_x/0.01	4.72	4.90	-29.7	-29.3	131.8	32.1	-184.8	44.4
	β_y/0.01	9.87	9.43	-8.32	-4.63	-13.8	11 1	5.80	8.93
0.3	α/0.01	0.620	0.583	0.529	0.718	0.158	-0.017	2.64	0.232
	β_x/0.01	3.02	3.25	-18.3	27.0	5.33	-26.8	329.7	37.8
	β_y/0.01	6.17	6.61	-22.2	16.2	5.83	10.6	8.54	7.60
0.6	α/0.01	0.415	0.399	0.425	0.343	-0.017	-0.462	0.504	0.199
	β_x/0.01	2.00	2.19	8.82	8.19	-35.1	-93.1	61.7	14.5
	β_y/0.01	4.02	4.11	3.54	4.40	19.2	-32.9	3.49	3.17
1.0	α/0.01	0.29	0.282	0.267	0.238	0.251	0.286	0.248	0.103
	β_x/0.01	1.38	1.53	5.49	5.43	65.5	18.8	34.6	100.4
	β_y/0.01	2.75	2.85	2.63	3.03	29.1	5.44	2.35	9.47

표 12.32 판의 설계계수(지지조건 : 단순지지, 재하하중 : 등분포하중, 사용재료 : 판의 유형 Ⅲ)

$D_{16}/D_{11} = D_{26}/D_{11} = 0.65$ a/b = 0.25

D_{66}/D_{22}	D_{11}/D_{22}	0.5		2.0		4.0		10.0	
	D_{12}/D_{11}	0.15	0.3	0.15	0.3	0.15	0.3	0.15	0.3
0.1	$\alpha/0.01$	5.01	-1.42	0.379	1.00	0.163	0.190	0.063	0.068
	$\beta_x/0.01$	-86.4	-60.6	32.7	94.6	25.0	33.3	23.9	27.9
	$\beta_y/0.01$	198.8	-72.2	6.52	36.0	4.19	9.70	3.52	7.6
0.3	$\alpha/0.01$	0.662	0.662	-0.854	0.167	0.177	0.261	0.064	0.071
	$\beta_x/0.01$	12.8	12.7	-74.6	41.4	29.6	48.0	24.8	29.9
	$\beta_y/0.01$	1.36	3.42	-25.2	5.36	4.37	14.0	3.43	8.03
0.6	$\alpha/0.01$	0.620	0.613	0.156	0.197	0.261	-0.11	0.066	0.078
	$\beta_x/0.01$	11.9	11.8	1 77	9.02	46.3	-21.5	26.5	33.8
	$\beta_y/0.01$	2.11	3.92	2.17	4.26	6.83	-7.62	3.35	8.90
1.0	$\alpha/0.01$	0.54	0.534	0.493	0.097	-0.002	0.061	0.070	0.100
	$\beta_x/0.01$	10.3	10.2	66.1	5.52	4.12	-0.085	28.6	45.4
	$\beta_y/0.01$	2.13	3.66	-4.68	1.08	-1 73	0.998	3.55	11 7

표 12.33 판의 설계계수(지지조건 : 단순지지, 재하하중 : 등분포하중, 사용재료 : 판의 유형 Ⅲ)

$D_{16}/D_{11} = D_{26}/D_{11} = 0.65$ a/b = 0.5

D_{66}/D_{22}	D_{11}/D_{22}	0.5		2.0		4.0		10.0	
	D_{12}/D_{11}	0.15	0.3	0.15	0.3	0.15	0.3	0.15	0.3
0.1	$\alpha/0.01$	4.89	1.24	0.653	0.470	0.592	0.429	0.605	0.250
	$\beta_x/0.01$	-71.8	-18.8	-2.62	-85.2	22.4	-30.2	62.1	17.0
	$\beta_y/0.01$	-36.8	-38.2	5.48	-24.6	1 18	-3.48	-8.12	0.894
0.3	$\alpha/0.01$	1.33	1.21	0.164	0.354	0.455	0.322	0.433	0.218
	$\beta_x/0.01$	13.2	12.4	25.5	-11.9	5.57	56.0	41.8	6.52
	$\beta_y/0.01$	6.39	8.06	-5.60	1.90	1.57	9.26	-4.99	-0.480
0.6	$\alpha/0.01$	0.800	0.76	0.199	-0.366	0.322	0.296	0.308	0.181
	$\beta_x/0.01$	7.51	7.40	-20.2	-102.9	54.1	-7.67	25.0	-37.0
	$\beta_y/0.01$	3.96	4.91	5.44	-3.18	-0.623	1 14	-2.76	-7.90
1.0	$\alpha/0.01$	0.549	0.534	0.185	0.510	0.252	0.203	0.226	0.158
	$\beta_x/0.01$	5.02	5.04	47.4	25.6	4.06	5.44	6.86	65.9
	$\beta_y/0.01$	2.73	3.40	-15.0	7 17	2.64	3.12	-1.34	11.8

표 12.34 판의 설계계수(지지조건 : 단순지지, 재하하중 : 등분포하중, 사용재료 : 판의 유형 Ⅲ)

$D_{16}/D_{11} = D_{26}/D_{11} = 0.65$ a/b = 0.75

D_{66}/D_{22}	D_{11}/D_{22}	0.5		2.0		4.0		10.0	
	D_{12}/D_{11}	0.15	0.3	0.15	0.3	0.15	0.3	0.15	0.3
0.1	α/0.01	0.321	1.77	0.813	0.401	-0.539	-1.45	-0.072	-0.166
	β_x/0.01	-86.8	21.2	28.0	11.2	-45.9	-27.7	-14.3	-57.4
	β_y/0.01	-122.6	25.4	14.5	11.2	-3.17	-4.69	4.01	-6.87
0.3	α/0.01	1.31	1 12	0.306	2.36	-0.365	2.08	-0.082	0.031
	β_x/0.01	9.46	8.09	4.87	331.5	57.0	85.7	-15.2	76.5
	β_y/0.01	12.2	10.6	11.2	-39.7	12.2	27.0	4.11	25.6
0.6	α/0.01	0.648	0.615	-0.067	0.346	2.08	0.490	-0.110	-0.157
	β_x/0.01	3.86	3.97	58.0	-5.75	80.1	15.1	-26.6	-23.8
	β_y/0.01	4.67	4.97	-7 14	5.43	14.8	10.8	3.76	7 14
1.0	α/0.01	0.418	0.405	2.28	0.229	0.354	0.298	1.44	-0.124
	β_x/0.01	2.47	2.59	-42.4	-2.33	-4.23	39.5	938.6	16.1
	β_y/0.01	2.92	3.18	49.3	-20.1	14.3	3.72	88.9	0.784

표 12.35 판의 설계계수(지지조건 : 단순지지, 재하하중 : 등분포하중, 사용재료 : 판의 유형 Ⅲ)

$D_{16}/D_{11} = D_{26}/D_{11} = 0.65$ a/b = 1.0

D_{66}/D_{22}	D_{11}/D_{22}	0.5		2.0		4.0		10.0	
	D_{12}/D_{11}	0.15	0.3	0.15	0.3	0.15	0.3	0.15	0.3
0.1	α/0.01	2.23	0.974	0.807	0.327	-0.279	-0.357	-0.032	-0.040
	β_x/0.01	9.91	-25.2	-3.85	-4.20	40.3	-17.8	-4.74	-9.22
	β_y/0.01	20.7	-20.4	11 7	3.82	0.990	-5.17	4.81	0.749
0.3	α/0.01	0.862	0.769	0.236	-0.804	-0.270	-0.797	0.023	-0.048
	β_x/0.01	3.40	3.82	-6.80	-98.0	-15.5	-31.7	-2.73	-6.86
	β_y/0.01	8.83	8.34	4.04	-38.5	-1.75	-11.0	0.298	1.38
0.6	α/0.01	0.469	0.446	0.220	0.026	-0.797	1 11	-0.044	-0.066
	β_x/0.01	2.03	2.25	12.2	6.90	-29.0	27.8	6.21	-0.608
	β_y/0.01	4.48	4.52	9.54	9.65	-6.85	14.6	3.47	2.65
1.0	α/0.01	0.308	0.298	1.65	0.533	0.580	1.43	-0.046	-0.059
	β_x/0.01	1.36	1.52	-51.3	6.30	6.42	219.0	-6.73	-21.4
	β_y/0.01	2.85	2.95	-40.5	23.1	6.64	58.9	2.93	-0.057

표 12.36 판의 설계계수(지지조건 : 단순지지, 재하하중 : 등분포하중, 사용재료 : 판의 유형 III)

D_{16}/D_{11} = D_{26}/D_{11} = 1.0 a/b = 0.25

D_{66}/D_{22}	D_{11}/D_{22}	0.5		2.0		4.0		10.0	
	D_{12}/D_{11}	0.15	0.3	0.15	0.3	0.15	0.3	0.15	0.3
0.1	$\alpha/0.01$	0.063	1.40	0.319	0.302	0.167	0.158	0.069	0.065
	$\beta_x/0.01$	18.6	49.3	26.8	24.1	30.1	27.8	31.8	29.5
	$\beta_y/0.01$	-41.4	25.3	1.23	5.59	0.250	5.27	-0.334	5.03
0.3	$\alpha/0.01$	1.34	1.18	0.296	0.281	0.161	0.153	0.068	0.064
	$\beta_x/0.01$	24.7	27.6	22.6	18.3	28.3	26.1	31.09	28.8
	$\beta_y/0.01$	7.35	11.0	1.60	5.20	0.389	5.08	-0.268	4.96
0.6	$\alpha/0.01$	0.989	0.675	0.266	0.249	0.153	0.145	0.066	0.063
	$\beta_x/0.01$	20.0	15.8	-17.5	26.6	25.7	23.4	29.9	27.9
	$\beta_y/0.01$	10.0	6.04	10.0	3.59	0.594	4.82	-0.177	4.85
1.0	$\alpha/0.01$	0.606	0.597	0.258	0.230	0.143	0.137	0.064	0.061
	$\beta_x/0.01$	11.6	11.4	28.6	18.0	21.9	14.1	28.6	26.7
	$\beta_y/0.01$	1.98	3.76	1.96	6.91	1.00	4.56	-0.065	4.72

표 12.37 판의 설계계수(지지조건 : 단순지지, 재하하중 : 등분포하중, 사용재료 : 판의 유형 III)

D_{16}/D_{11} = D_{26}/D_{11} = 1.0 a/b = 0.5

D_{66}/D_{22}	D_{11}/D_{22}	0.5		2.0		4.0		10.0	
	D_{12}/D_{11}	0.15	0.3	0.15	0.3	0.15	0.3	0.15	0.3
0.1	$\alpha/0.01$	0.037	-3.78	-1.54	-0.694	-0.292	-0.575	-0.061	-0.105
	$\beta_x/0.01$	-3.77	-127.5	-121.7	74.7	-44.4	-103.7	-19.0	-43.5
	$\beta_y/0.01$	17.8	22.5	-7.82	37.6	2.92	-17.4	7 10	-1.23
0.3	$\alpha/0.01$	-1.90	1.42	-2.10	2.67	-0.373	-0.236	-0.069	-0.139
	$\beta_x/0.01$	28.2	2.18	22.2	54.5	-49.4	30.3	-21.9	-66.7
	$\beta_y/0.01$	-148.3	37.0	29.0	6.10	4.87	21.2	7 13	-5.51
0.6	$\alpha/0.01$	0.780	1.63	1.03	0.643	-0.236	-0.029	-0.084	-2.47
	$\beta_x/0.01$	29.8	17.9	25.4	14.8	36.0	54.0	-29.0	-1947.2
	$\beta_y/0.01$	-25.9	14.8	3.66	8.21	18.8	7.59	7 14	-373.2
1.0	$\alpha/0.01$	0.660	0.634	0.688	0.321	-0.544	7.36	-0.128	-0.045
	$\beta_x/0.01$	5.65	5.62	161.5	37.9	-7.98	330.1	-54.6	30.9
	$\beta_y/0.01$	2.98	3.77	-65.3	2.06	10.4	-18.9	6.58	15.4

표 12.38 판의 설계계수(지지조건 : 단순지지, 재하하중 : 등분포하중, 사용재료 : 판의 유형 Ⅲ)

D_{16}/D_{11} = D_{26}/D_{11} = 1.0　　　a/b = 0.75

D_{66}/D_{22}	D_{11}/D_{22}	0.5		2.0		4.0		10.0	
	D_{12}/D_{11}	0.15	0.3	0.15	0.3	0.15	0.3	0.15	0.3
0.1	$\alpha/0.01$	0.438	-0.106	-0.260	-0.401	-0.087	-0.070	-0.003	-0.013
	$\beta_x/0.01$	-9.72	-8.70	-3.62	-5.24	-3.61	-0.332	-6.21	-3.26
	$\beta_y/0.01$	-14.6	-27.0	-0.367	-1.61	6.91	1.72	8.78	4.51
0.3	$\alpha/0.01$	0.759	1.42	-0.474	-0.975	0.055	-0.114	-0.006	-0.015
	$\beta_x/0.01$	-89.0	13.5	-4.56	15.3	-0.707	-1.97	-5.14	-2.69
	$\beta_y/0.01$	152.2	-6.16	-0.931	0.209	-7.33	2.57	7.83	4.24
0.6	$\alpha/0.01$	0.218	1.07	-4.19	1.58	-0.114	-0.050	-0.010	-0.018
	$\beta_x/0.01$	-67.3	8.84	-71.9	20.4	-2.60	39.6	-3.98	-1.77
	$\beta_y/0.01$	43.6	13.2	-21.9	12.4	3.59	11.4	6.81	3.85
1.0	$\alpha/0.01$	0.490	0.469	0.439	0.229	-0.189	-0.589	-0.014	-0.022
	$\beta_x/0.01$	2.50	2.64	-0.251	-8.25	30.2	-62.4	-2.84	0.34
	$\beta_y/0.01$	3.24	3.50	3.72	0.358	5.77	2.38	5.84	2.96

표 12.39 판의 설계계수(지지조건 : 단순지지, 재하하중 : 등분포하중, 사용재료 : 판의 유형 Ⅲ)

D_{16}/D_{11} = D_{26}/D_{11} = 1.0　　　a/b = 1.0

D_{66}/D_{22}	D_{11}/D_{22}	0.5		2.0		4.0		10.0	
	D_{12}/D_{11}	0.15	0.3	0.15	0.3	0.15	0.3	0.15	0.3
0.1	$\alpha/0.01$	0.267	-0.032	-0.162	-0.24	-0.155	0.255	-0.131	0.003
	$\beta_x/0.01$	11 7	14.2	-6.30	-5.58	3.19	36.6	-35.2	12.0
	$\beta_y/0.01$	2.79	-1 14	0.477	-2.02	0.212	-3.94	-10.39	0.694
0.3	$\alpha/0.01$	1.64	0.438	-0.281	-0.49	-9.80	-0.098	0.057	-0.001
	$\beta_x/0.01$	23.6	14.4	-6.23	-10.8	-249.1	-82.6	26.4	11 7
	$\beta_y/0.01$	3.87	24.0	-1.80	-5.46	144.8	20.6	2.93	0.112
0.6	$\alpha/0.01$	3.35	0.660	-1.38	1.95	-0.098	-0.043	0.012	-0.006
	$\beta_x/0.01$	-29.4	5.71	-32.2	54.8	-79.3	-6.88	12.8	12.6
	$\beta_y/0.01$	373.1	9.02	-14.1	29.0	42.6	2.27	-0.550	-0.77
1.0	$\alpha/0.01$	0.352	0.339	0.350	0.164	-0.055	-0.055	0.000	-0.012
	$\beta_x/0.01$	1.28	1.47	16.6	20.3	-7.09	-0.009	11.04	17.47
	$\beta_y/0.01$	3.15	3.22	5.40	6.55	3.37	1.80	-2.01	-2.76

12.2 설계순서

(1) 휨을 받는 판의 설계순서는 다음과 같다.

단계 1

적층판의 탄성계수와 강도특성을 실험값 혹은 제조시의 데이터로부터 알고 있다면, 다음 단계 2로 넘어간다. 사전에 정의한 적층형태로부터 적층판의 탄성계수와 강도특성을 결정한다.

단계 2

실험값과 제조시의 데이터로부터 적층판의 탄성계수와 강도를 알고 있다면, 다음 단계 3으로 넘어 간다. 사전에 정의한 적층형태로부터의 적층판의 탄성계수와 강도특성을 결정한다.

단계 3

판의 처짐과 휨모멘트의 최대값을 결정한다.
판의 방정식 (12.1)−(12.3)은 처짐과 휨모멘트의 최대값을 구하기 위해 이 설계지침서의 표 12.2−표 12.39에 주어진 계수의 값을 사용할 수 있다.

단계 4

강도한계상태와 사용성한계상태의 요구조건을 점검하고, 만족하지 않는다면 판의 설계순서대로 단계1로 다시 돌아가 수행하여야 한다.

12.3 판의 유형 I (등방성 판)

(1) 판의 유형 I 은 등방성 판을 말한다.
복합신소재의 특성을 보면 $D_{16} = D_{26} = 0.0$ 과 $D_{11} = D_{22}$ 으로 대표된다.

(2) 임의하중 재하에 판의 처짐, 응력 그리고 변형율의 결정은 수치적인 방법을 이용할 수가 있다.

(3) 하중 종류와 지지조건에 따른 처짐과 모멘트 계수는 설계지침서의 표 12.2~표 12.3에 제시되어 있다.

12.4 판의 유형 II (직교이방성판)

(1) 판의 유형 II는 $D_{16} = D_{26} = 0.0$과 $D_{11} \neq D_{22}$인 복합신소재특성을 가진 직교이방성판으로 정의한다.

(2) 판의 유형 II는 직교 또는 일방향의 적층으로 이루어졌다.

(3) 하중 종류와 지지조건에 대한 처짐과 모멘트 계수는 설계지침서의 표 12.4－표 12.27에 주어져 있다. 주어진 하중과 복합신소재를 위해 필요한 표는 표 12.1을 사용한다.

12.5 판의 유형 III (비등방성 적층판)

(1) 판의 유형 III은 비등방성 적층판을 말한다. 판의 축에 대해서 재료의 성질이 모든 방향으로 다른 대칭적층판으로 정의한다.

(2) 판의 유형 III은 $D_{16} \neq 0.0$과 $D_{26} \neq 0.0$인 적층판으로 정의한다.

(3) 하중 종류와 지지조건에 대한 처짐과 모멘트계수는 설계지침서의 표 12.28－표 12.39에 주어져 있다.

13 연 결

13.1 일반사항

(1) 연결설계는 강도한계상태에서 검증하여야 한다.

(2) 복합신소재 구조물의 효율성은 구조물 자체보다는 연결부에 의해서 결정되어지기 때문에 연결부에서는 작용하중과 모멘트에 대한 설계강도가 하중조합에 의한 설계단면력 이상이 되도록 설계하여야 한다.

(3) 복합신소재 부재에 대한 기계적 연결 및 접착제 연결은 이 설계기준에 따라 설계되어야 하며, 연결 상세도가 제시되어야 한다.

(4) 기계적 연결은 모든 1, 2차 부재에 대해 사용될 수 있으며, 연결은 파괴모드를 가능한 감쇄시키기 위한 하중전달 기구에 대해 적절한 설계가 되어야 한다.

(5) 아연도금 및 스테인레스 강재볼트를 승인받아 사용해야 하고 부가적으로 연결부의 정확여부는 실험을 통해 결정되어야 한다.

13.1.1 연결방법과 기술

복합신소재로 이루어진 주요 부재의 연결은 그림 13.1과 같이 기계적 연결, 접착제에 의한 연결 그리고 접착제와 기계적 연결의 병용으로 크게 분류할 수 있다.

(1) 기계적 연결 : 볼트연결, 리벳 연결, clamped 연결, threaded 연결, contact 연결, strap 연결 및 embedded fasteners

(2) 접착 연결 : 접착제 접착 연결, 적층판 연결, 몰드연결, 끼우기 접착제 접착연결 및 현장접착제접착연결 .

(3) 병용 연결 : 볼트와 볼트 연결, 볼트와 접착제 접착연결

13.1.2 연결부 설계세칙

복합신소재 부재의 연결부 구조는, 다음 사항을 만족하도록 설계하여야 한다.

(1) 강도한계상태의 연결부에 작용하는 하중과 모멘트는 이 설계지침서 2장에서 규정한 하중조합에 의해 전체 구조해석을 통해 결정된다.

(2) 연결부에서는 작용하중과 모멘트에 대한 설계저항이 2장에서 규정한 하중조합에 의한 설계단면력 이상이 되도록 하며, 선형탄성 해석에 의한 연결부 설계가 되어야 한다.

(3) 하중작용에 대한 부분 안전계수는 이 설계지침서 2장에서 규정한 대로 결정되어야 한다.

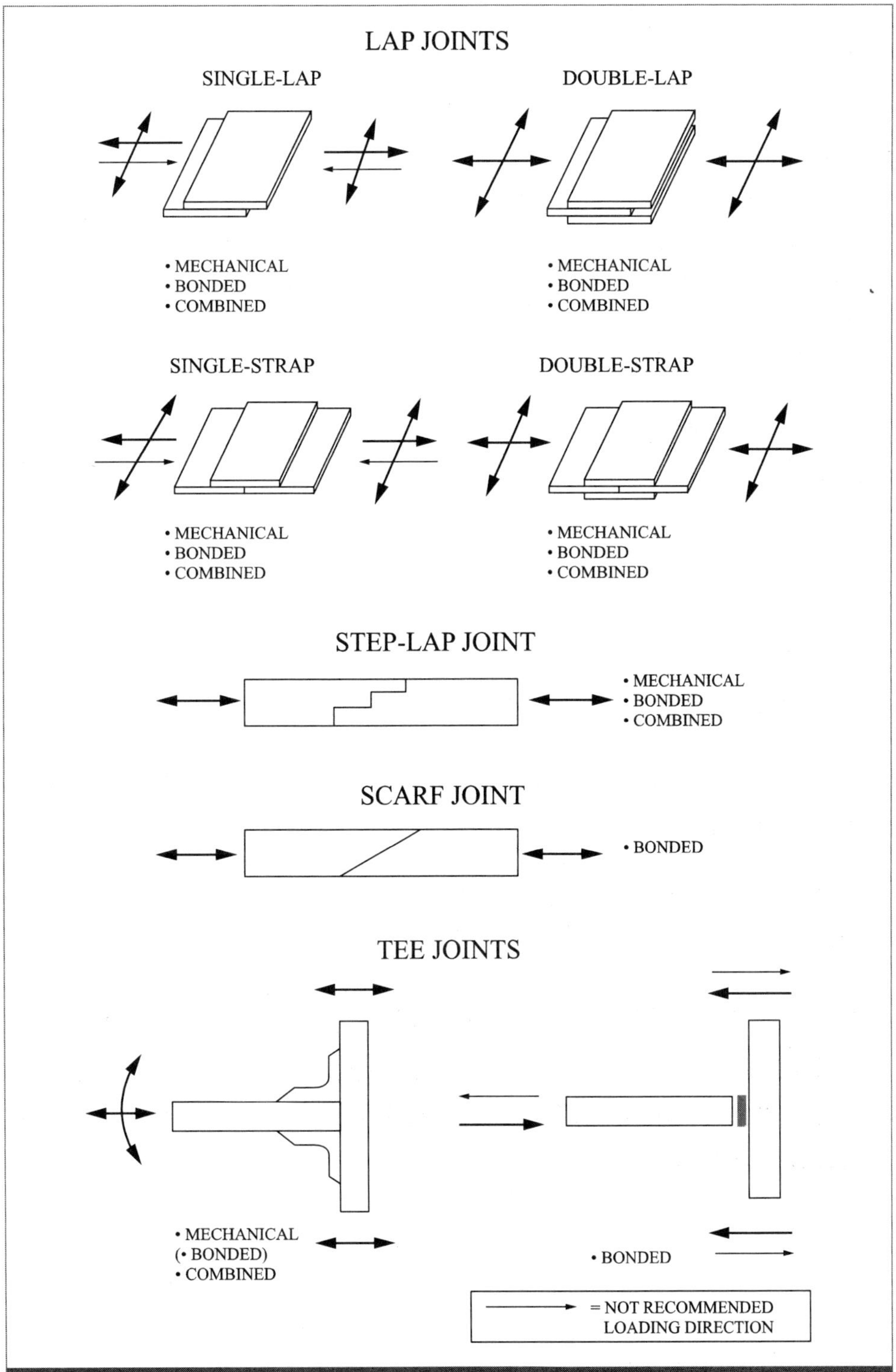

그림 13.1 연결방법의 종류

13.2 기계적 연결

13.2.1 일반사항

(1) 기계적 연결에 의한 연결부에서는 축방향 인장, 전단 및 인장과 전단을 동시에 받을 때 설계강도가 하중조합에 의한 설계단면력 이상이 되어야 한다.

(2) 기계적연결 설계에서 다음과 같은 재료변수를 고려하여 설계하여야 한다.

- 섬유형태: 일방향섬유, 직조섬유, 직물 등
- 수지형태
- 섬유적층각도배열
- 적층형태: 적층판, 샌드위치구조
- 섬유함유량
- 볼트재료

(3) 기계적 연결은 피접착물에 구멍을 가공한 후, 볼트나 핀 혹은 리벳을 사용하여 체결을 하여야 한다.

(4) 구멍을 가공하지 않은 상태에서 압력을 가하여 압력체결(Press Fit)을 사용하여 연결을 할 수도 있다.

(5) 기계적 연결은 피접착물의 가장자리까지의 거리와 볼트 구멍 직경의 비(e/d), 피접착물의 너비와 볼트구멍의 직경의 비(w/d) 및 피접착물의 두께와 볼트 구멍의 직경의 비(t/d)에 관련되므로 사용성한계상태, 강도한계상태에 성능이 만족되도록 설계하여야 한다.

13.2.2 설계요구조건

(1) 피접착물 적층순서(Stacking Sequence)는 대칭이어야 한다. 피접착물의 적층순서가 0° 섬유 25%, 90° 섬유 25% 및 ±45° 섬유 50%로 되도록 설계하여야 한다.

(2) 기계적 연결의 파괴 형태는 전단파괴(그림 13.2a), 순단면파괴(그림 13.2b), 베어링파괴, 볼트전단파괴(그림 13.2c)로 나눌 수가 있으며, 베어링 파괴가 될 수 있도록 설계하여야 한다.

(3) 베어링 파괴를 유도하기 위해 e/d와 w/d 비의 값이 매우 크도록 설계하여야 한다.

(4) 피접착물이 모두 0° 섬유로 되어 있지 않은 경우에 (e/d) 〉 3이고 (w/d) 〉 6를 유지하여 전단 및 인장 파괴를 피할 수 있도록 하여야 한다.

(5) 전단파괴를 방지하기 위하여 필요한 피접착물의 가장자리까지의 길이(e)는 피접착물의 가장자리의 두께를 증가시키거나 금속 심(Shim)을 박아서 감소시킬 수 있어야 한다.

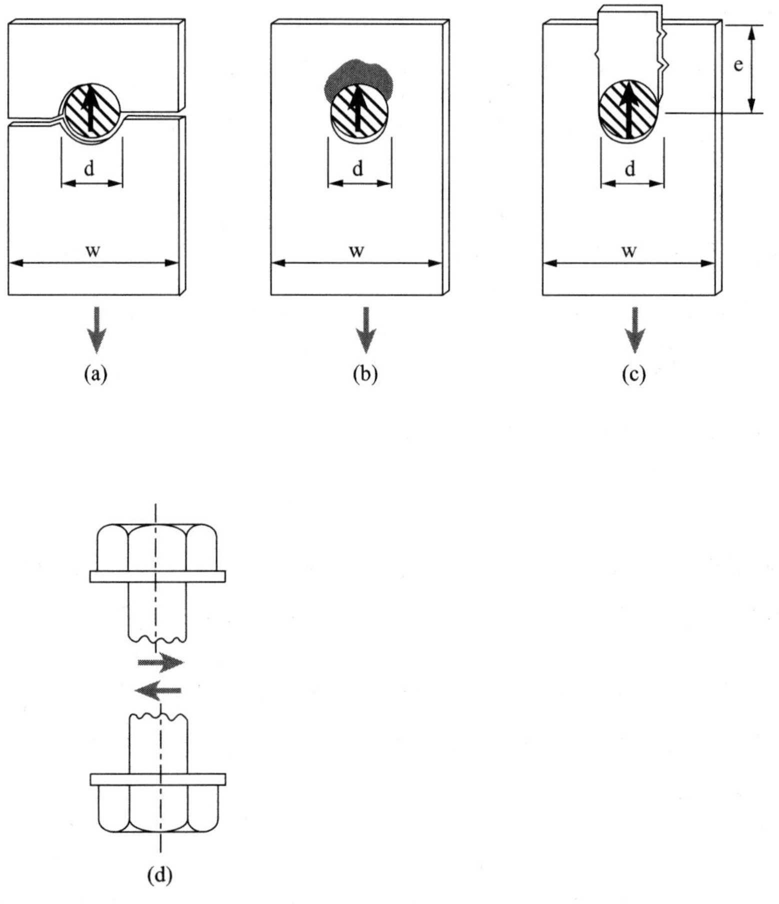

그림 13.2 볼트의 파괴형태

13.2.3 설계순서

(1) 볼트의 단면적은 공칭직경을 사용하여 구한다.

(2) 전단을 받는 고장력볼트는 각 파괴의 형태에 따라 다음 식이 만족되도록 결정하여야 한다.

$$\gamma_F C_m(\sigma_r, \sigma_\phi, \tau_{sn})_s \leq (\sigma_r, \sigma_\phi, \tau_{sn})/\gamma_m \tag{13.1}$$

여기서, $\sigma_{r,k} = E_r \varepsilon_{c,crit}$: 볼트의 베어링파괴 응력

$\sigma_{\phi,k} = E_\phi \varepsilon_{l,crit}$ 또는

$\sigma_{\phi,k} = E_\phi \varepsilon_{c,crit}$: 볼트의 순단면파괴 응력(인장 또는 압축하중)

$\tau_{sn,k} = G_{sn} \varepsilon_{s,crit}$: 볼트의 전단파괴 응력

E_r : 원주방향 탄성계수

$$\frac{1}{E_r} = \frac{1}{E_r}\cos^4\varphi + \left(\frac{1}{G_{xy}} - \frac{2\nu_{xy}}{E_x}\right)\sin^2\phi\cos^2\phi + \frac{1}{E_y}\sin^4\phi \tag{13.2}$$

E_ϕ : 접선방향 탄성계수

$$\frac{1}{E_\phi} = \frac{1}{E_x}\sin^4\varphi + \left(\frac{1}{G_{xy}} - \frac{2\nu_{xy}}{E_x}\right)\sin^2\phi\cos^2\phi + \frac{1}{E_y}\cos^4\phi \tag{13.3}$$

G_{sn}: 전단면외 전단 탄성계수

$$\frac{1}{G_{sn}} = \frac{1}{G_{xy}} + \left(\frac{1+\nu_{xy}}{E_x} + \frac{1+\nu_{xy}}{E_y} - \frac{1}{G_{xy}}\right)\sin^2 2\phi \tag{13.4}$$

(3) 인장을 받는 고장력볼트는 각 파괴의 형태에 따라 다음 식이 만족되도록 결정하여야 한다.

$$\gamma_f C_m \tau_{xz,s} \geq \tau_{xz,k}/\gamma_m \tag{13.5}$$

여기서, $C_m = 2$: 볼트의 베어링파괴 응력

$\tau_{xz,s} = F_{bolt,k}/(\pi D t)$ (와셔없는 경우)

$\tau_{xz,s} = F_{bolt,k}/(\pi D_w t)$ (와셔있는 경우)

$\tau_{xz,k}$ = 적층두께방향에 대한 전단강도

13.3 접착제 연결

13.3.1 일반사항

(1) 접착제의 접합강도는 피접착물(모재)의 항복점 근처까지의 강도를 이용할 수 있을 정도로 충분한 강도를 갖는 접착제가 요구되며, 접착강도는 접착제의 종류, 접착제의 두께, 접착길이, 피접착물(모재)의 두께, 강성 및 표면조도에 의하여 영향을 받지 않도록 하여야 한다.

(2) 접착제 연결부에서는 전단응력이 접착제의 허용전단응력을 초과하지 않도록 하여야 한다.

(3) 접착제 연결부에서는 피접착물(모재) 두께별 허용인장응력을 초과하지 않도록 하여야 한다.

(4) 접착제 연결방법의 종류로는 Lap 연결, Strap 연결, Step-lap 연결 및 Scarf 연결이 있다.

(5) 접착제 연결 중에서 가장 간단하면서도 많이 사용되는 연결은 Single-lap 연결방법이다. Single-lap 연결은 제조가 간단하나, 비대칭으로 하중이 작용하기 때문에 휨 하중을 받게 되어 접착부분의 끝단에 인장력인 Peel 응력을 받는다. 이 Peel 응력은 접착제와 피접착물의 경계면에서 파괴를 발생시키는 원인이 되기 때문에 접착강도를 저하시키지 않도록 하여야 한다.

(6) Single-lap 연결방법의 단점을 보완하고자 Double-lap 연결이 강도를 높이기 위하여 사용된다. 접착제의 끝 부분에서는 피접착물과 접착제와의 강성의 차이 때문에 응력집중 현상이 발생하며, 이를 줄이기 위하여 Stepped-lap 연결과 Scarf 연결 등의 연결방법을 사용하여야 한다.

(7) 복합신소재 피접합물인 경우에 Scarf를 가공하는 것이 쉽지 않으며, Scarf 끝부분의 강도가 약하기 때문에 제일 먼저 파괴가 발생한다. 따라서 연결의 전체 강도가 떨어질 수 있으므로 이점을 주의하여야 한다.

(8) 접착제를 사용하여 연결을 제작하기 위해서는 여러 가지 장비들이 필요하다. 이들 장비는 연결 제작에 사용하는 접착제의 경화를 위해 필요한 온도와 시간을 유지시켜 줄 수 있어야 하며, 접착제가 경화하는 동안에 발생하는 화학적 반응으로 인하여 발생할 수 있는 미소기포를 제거하여, 우수한 접착 특성을 얻기 위한 경화 장비를 설계시 고려하여야 한다.

13.3.2 설계순서

13.3.2.1 일반사항

(1) 접착제 연결에 의한 연결부에서는 축방향 인장, 전단 및 인장과 전단을 동시에 받을 때 설계강도가 하중조합에 의한 설계단면력 이상이 되어야 한다.

(2) 접착연결부의 해석방법은 해석적방법과 유한요소방법으로 분류된다. 해석적인 방법은 두께 방향으로 일정한 응력을 가정한 Lap joint의 해석방법과 피접착물(모재)의 편심, 휨, 인장 및 전단을 모두 고려한 Lap joint의 해석방법을 이용하여 해석하여야 한다. 또한 유한요소해석 방법은 다양한 연결부의 형상 및 경계조건에 적용할 수 있다.

(3) 접체제 연결 설계는 피접합물(모재)과 접착제사이가 완전 접착의 가정에 기초하여 수행되어야 한다.

(4) 일반적인 접착제 종류는 에폭시, 페놀 그리고 폴리우레탄이며, 경화과정 작용에 따라 분류되어 사용하여야 한다.

(5) 접착제의 재료적 성질은 접착제 제조사 또는 시험을 통해서 검증되어야 한다.

(6) 접착제와 피접합물(모재)의 재료적합성은 접착제 제조사와 시험을 통해서 검증되어야 한다.

(7) 피접합물(모재) 재료가 접착제의 열팽창계수 또는 강성이 다를 때 연성 접착제 사용을 사용하여야 한다.

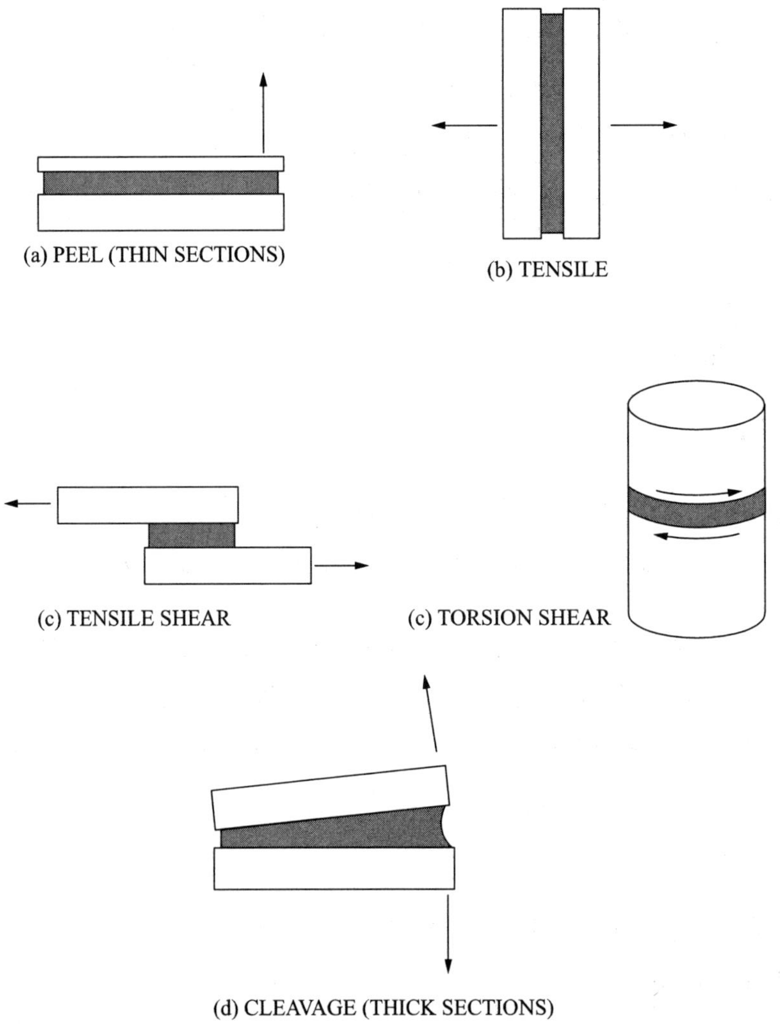

그림 13.3 작용하중 종류

13.3.2.2 Lap 및 Strap 연결 설계순서

(1) Lap 극한 전단력을 단위폭 당 극한하중(N_u)으로 계산한다.

(2) Lap 연결길이를 계산하며, 최소 Lap 길이는 50mm이어야 한다.

(3) 연결부의 최대 설계저항 값($N_{t,Rd}$)을 다음 식을 이용하여 결정하여야 한다.

$$N_{t,Rd} = \frac{N_u}{\gamma_m} \tag{13.6}$$

여기서, γ_m = 재료의 부분안전계수를 나타낸다.

(4) 연결부의 최대 설계저항 값($N_{t,Rd}$)이 설계인장력($N_{t,Sd}$)값 이상이 되어야 한다.

$$N_{t,Sd} = F_k \gamma_f C_m < N_{t,Rd}$$

또는

$$N_{t,Sk} = S_k \gamma_f C_m < N_{t,Rd} \tag{13.7}$$

여기서, γ_f = 하중의 부분계수를 나타내며, C_m = 1.0 이다.

13.3.2.3 Scarf 연결 설계순서

(1) Scarf 각도 $\theta < 20°$ 이면, 연결부 설계저항 값(N_{Rd})은 다음 식을 이용하여 결정하여야 한다.

$$N_{Rd} = \frac{\tau_{o\,allowable}\, t}{\cos\theta \, \sin\theta} \tag{13.8}$$

여기서, $\tau_{o\ allowable}$ = 접착제의 허용전단강도를 나타낸다.

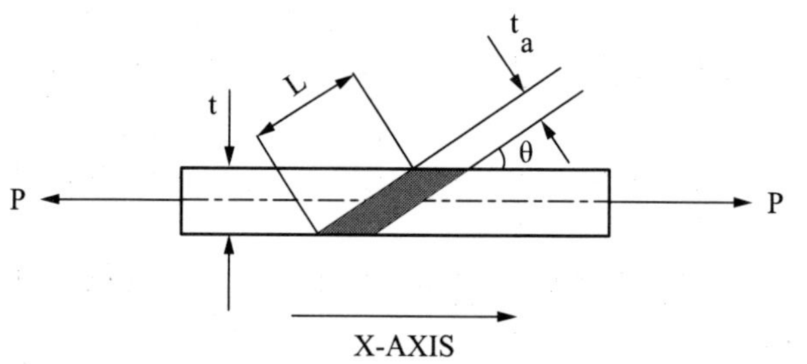

그림 13.4 Scarf 연결 상세

(2) 연결부에서는 다음 기준이 만족되어야 한다.

$$P_k \gamma_f \leq N_{Rd} \tag{13.9}$$

여기서, γ_f = 하중의 부분계수

P_k = 작용하중

14 참고문헌

ASCE (1984), Structural Plastics Design Manual, Manuals and Reports on Engineering Practice No.63, New York.

ASCE Prestandard(2010), Pre-Standard for Load and Resistance Factor Design(LRFD) of Pultruded Fiber Reinforced Polymer(FRP) Structures.

Anone (2010b), Strongwell Design Manual, Strongwell, Bristol, VA, USA.

Bank L.(2006), Composites for Construction-Structural Design with Fiber Reinforced Polymer(FRP) Materials.

Barbero Ever J. (2011), Introduction to Composite Materials Design, CRC Press.

Fiberglass Ltd., Design Data: Fiberglass Composites.

Heger et al. (1984), Structural Plastic Design Manual, Manual of Engineering Prac. No.63, ASCE, New York.

Hancox N.L. et al. (1994), Design Data for Reinforced Plastics- A Guide for Engineers and Designers, Chapman & Hall, London.

Hat-Smith L.J. (1987), Mechanically-fastened Joints for Advanced Composites-Phenomenological Considerations and Simple Analysis, Fourth Conference on Fiborous Composites in Structural Desing, Plenum, New York, 543-574.

Hollaway L. (1993), Polymer Composites for Civil and Structural Engineering, Chapman & Hall, London.

John L.Clarke (1996), Structural Design of Polymer Composites, EUROCOMP

Design Code and Handbook, E & FN SPON, London.

Jones Robert M. (1975), Mechanics of Composite Materials, Scripta Book Company, Washington, D.C.

Kim D.H.(1995), Composite Structures for Civil and Architectural Engineering, E & FN SPON, London.

Lees W.A. (1989), Adhesives and the Engineer, Mechanical Engineering Publications, London.

Lubin G. (1982), Handbook of Composites, Van Nostrand Reinhold Company, New York, USA.

Matthews F.L. et al. (1994), Composite Materials: Engineering and Science, Chapman & Hall, London.

Matthews F.L. (1987), Joining of Fiber Reinforced Plastics, Elsevier Applied Science Publihshers, Great Britain.

Mottram J.T. and Turvey G.J. (1998), Stat-of-the-Art Review on Design, Testing, Analysis and Application of Polymeric Composite Connections, EUR 18172 EN, European Community, Brussels, Belgium.

Rosener C.N. and Rizkalla S.H. (1995a), Bolted Connections for Fiber Reinforced Composite Structural Members: Analytical Model and Design Recommendations, Journa of Materials in Civil Engineering, 74, 232-238.

Timoshenko, S., Theory of Plates and Shells, McGraw-Hill Int. Book Company.

Turvey, G.J. and Marhshall, I.H. (1994), Buckling and Postbuckling of Composite Plates, Chapman & Hall, London.

Turvey G.J. and Wang P. (2007a), Failure of Pultruded GRP Single-bolt Tension Joints under Hot-wet Conditions, Composite Structures, 77 4, 514-520

Wang Y.J. (2002), Bearing Behavior of Joints in Pultruded Compsites, Journal of Composite Materials, 36 18, 2199-2216.

복합신소재구조 설계지침서 정가 10,000원

발 행 2019년 3월 10일 초판 1쇄
저 자 한국복합신소재구조학회
발행인 정우용
발행처 도서출판 동화기술
경기도 파주시 광인사길 201(문발동, 파주출판도시)
Tel (031)955-4211~6 donghwapub@nate.com
Fax (031)955-4217 www.donghwapub.co.kr
(등록) 1977년 12월 19일/9-16호

Printed in Korea
ISBN 978-89-425-9202-9